Dialogs with Scientists of the Future

Papers from the 19th All Japan High School Science
Grand-Prix Conducted by Kanagawa University

未来の科学者との対話 19

第19回 神奈川大学
全国高校生理科・科学
論文大賞受賞作品集

学校法人 神奈川大学広報委員会
全国高校生理科・科学論文大賞専門委員会 編

日刊工業新聞社

未来の科学者との対話19　目　次

はじめに ……………………………………………………………5

●審査委員講評

光と闇　紀　一誠 ………………………………………………8

科学と技術　齊藤 光實 ………………………………………10

科学技術進歩のもつ危うさ　庄司 正弘 ……………………12

科学者としての視野を広げよう　菅原　正 ………………14

未来への若々しい着想に期待する　内藤 周弌 ……………16

身近なことから不思議を感じる力　西村 いくこ …………18

●大賞論文

「<ruby>開口端補正<rt>かいこうたん ほ せい</rt></ruby>」は事実ではなく考え方だった！
　　群馬県立藤岡中央高等学校　F.C.Lab ……………………………22

●優秀賞論文

「ヒラメやマダイの生産工場」を目指して
　　浦和実業学園高等学校　生物部 ……………………………………38

プラズマの正体を確かめる手作り簡易分光器
　　兵庫県立姫路東高等学校　科学部　プラズマ班 …………………59

コミヤマスミレはなぜミヤマスミレ節に分類されているのか？
　　兵庫県立小野高等学校　スミレ班 ………………………………77

●努力賞論文

大蛇ヶ原湿原の植生は 40 年前の姿を残していた
　北海道札幌南陵高等学校　科学部 ……………………………………… 94

ドミノ倒しの複雑な伝播現象を解明
　岩手県立一関第一高等学校　理数科　物理 1 班 ……………… 106

デジタルカメラでの流星の分光画像撮影
　宮城県古川黎明高等学校　自然科学部　流星班 …………… 117

もうカロリーを気にしない！ダイエットチョコ
　山村学園　山村国際高等学校　生物部 …………………………… 125

深層強化学習モデルにおける報酬設定の自動化に挑む
　広尾学園高等学校 ………………………………………………………… 136

植物の葉の付き方「葉序」が展開能に優れている理由
　東京都立武蔵高等学校 ………………………………………………… 145

$S_1{}^2 = S_3$ のような「美しい関係式」はなぜ成り立つのか⁉
　滋賀県立彦根東高等学校 ……………………………………………… 154

「寺田寅彦にささげる」線香花火の研究
　仁川学院高等学校 ……………………………………………………… 164

瀬戸内海に流れ込む砂の軌跡
　兵庫県立姫路東高等学校　科学部　砂粒班 ……………………… 176

植物の匂いは農薬として使えるか？
　岡山県立井原高等学校　生物同好会　植物班 ………………… 189

南海トラフ大地震に備えマグネシウム空気電池を改良
　　愛媛県立西条高等学校 ……………………………………… 199

「肱川あらし」の出現原理を探る
　　松山聖陵高等学校　科学研究部　肱川あらし班 ……………… 209

「水のはね上がり」を科学する
　　愛媛県立松山南高等学校　水滴班 2020 ……………………… 219

砥部焼を温かみのある赤色釉薬で覆いイメージ刷新
　　愛媛県立松山南高等学校　砥部焼梅ちゃんズ ………………… 229

●第 19 回神奈川大学全国高校生理科・科学論文大賞
団体奨励賞受賞校、応募論文一覧 …………………… 239

神奈川大学全国高校生理科・科学論文大賞の概要 ……… 264

おわりに　引地 史郎 ………………………………………… 266

は じ め に

神奈川大学全国高校生理科・科学論文大賞　事務局

　2020 年は、コロナで明けコロナで終わった一年でした。人も物流も経済もグローバルな方向に進んでいた世界が、あっという間にコロナの渦に巻き込まれ、あらゆる面で今までの「普通」とは何だったのか？を問い直すことになった一年でした。

　当コンテストの対象となる全国の高校生諸君においても、大きな変化や新しい経験が相次いだことでしょう。本学も大学キャンパスは閉鎖され、講義もすべて遠隔講義となり、対面による人的交流が不可能な事態となりました。

　このように学校教育の現場が大きな混乱状態にある中で、本年度も全国98 校の高等学校から秀逸なる論文の提出を頂き、その総数は 222 件を数えました。これは、参加校数・論文数においても、過去最高です。私たちの予想を上回る応募に驚くと同時に心から感謝いたします。生徒諸君のたゆみない努力と精進の結果と感服するとともに、ご指導頂いた各先生諸氏のご尽力に改めて敬意を表します。

　さて本年度も素晴らしい内容の論文が数多く提出されました。提出された論文は、学内に組織された専門委員会での専門の立場からの詳細な審査に引き続き、選ばれた優秀な論文を課題の選択法、論文の展開法、結論の正確さ、さらには科学用語、単位系の厳密さなどといったことに加えて、高校生らしい研究論文のあり方などを最終審査の基準にしながら最優秀賞1 編、優秀賞 3 編が決定しました。あわせて努力賞 14 編が選ばれましたが、これらの中には、優秀賞と遜色ないものも含まれ、今後の発展次第では素晴らしい論文になるとの評価が下されたものばかりでありました。加えて、団体奨励賞 4 校も選ばれております。受賞された皆さん、本当にお

めでとうございます。

　今般のコロナ禍においても、問題解決のためにさまざまな科学的思考・研究・実践が積み重ねられています。そのような弛みのない歩みの先に私たち人類の未来があるのです。身近な課題や問題を発見し、実験や観察を繰り返す中で、科学的思考は鍛えられていきます。

　皆さんの一歩一歩がいずれ大きな人類的課題を解決するかもしれません。このコンテストや書籍がその一助になれば幸いです。これからも、どんどん独創的な研究をお寄せください。

審査委員講評

光と闇

紀　一誠

　ゲルマニウムダイオードと同調回路だけから構成される「鉱石ラジオ」を小学生時代に組み立てたことがある。電源部や増幅部をもたない簡単なもので、電波のエネルギーのみを利用して音を出す仕組みであったが、目に見えぬ電波がエネルギーを運ぶということがとても不思議でただただ神秘的なものに思えた。中学生時代には、ラジオ雑誌を見ながら、検波管、増幅管、整流管の３本の真空管を使う最も初歩的な「３球ラジオ」を組み立てた。自作機から初めて音が出たときは何とも言えない喜びであった。さらに解説記事を読み漁り、LC 共振回路、検波回路、増幅回路等の仕組みをおぼろげながらに理解した。その結果、小学生時代に抱いていた電波に関する不思議さや神秘的な思いはしだいに影をひそめ、電波はある性質をもつ合理的で身近な存在であると思えるようになった。

　この頃からであったろうか、「世界は合理的であり、いかに不思議で神秘的に思えることにも必ず因果律が存在しており、理論的・論理的に理解することができるものである」という世界観が培われ始めた。人間は人種、性別、国籍、等々の属性に関わらず「数学」を理解する共通の能力を持っている。このことは驚異的なことに思える。人間のもつ理性・論理能力は普遍的であり、その土台の上に展開される科学的認識もまた普遍的である。さらに人間の論理的能力や理性が普遍的であるなら、自然科学以外の社会科学・人文科学等々の分野にもこの考え方を広げることができるはずである。「数学を理解するように世界を理解したい」、人間の理性と科学技術の明るい光を信じて疑うことのない少年の日に踏み出した素朴哲学の第一歩であった。

　高校・大学と歴史を学び、歴史にも法則性のあることを理解する一方で、普遍的な理性をもつはずの人類が犯してきた数々の戦争という名の愚行、

蛮行をも知った。「正義の戦争」などというものは存在しない。あるのはそれぞれが主張する「部分的正義」のみである。また戦争遂行の中で科学技術の果たしてきた闇の部分、すなわち軍事研究の歴史をも知るようになった。化学的窒素固定化は肥料を生み出すと同時に爆薬を生み出し、細菌・ウイルス研究は感染症対策と同時に731部隊をも生み出した。流体力学は旅客機のみならず戦闘機の設計にも用いられる。科学技術の道を志す者として、この光と闇をどのように考えるべきなのか。青年の日の素朴哲学第二歩目の問いかけであった。

科学技術の軍事利用は科学技術者が悪いわけではなく、時の権力者の恣意的利用が悪いのであるという意見にも一理はある。$E=mc^2$ が核兵器の原理を示したからといってアインシュタインを非難する人はいない。しかし核兵器の開発に従事した人達は確実に存在したのである。大学時代、制御理論のある高名な教授が講義の途中で戦時中に携わった兵器開発の話をしたことがあった。話としては面白かったのだが、何のわだかまりもなく無邪気に体験談を語る教授の姿に強い違和感をおぼえたことを記憶している。

理科論文大賞への応募論文は光に満ち溢れている。応募者の大部分の人達はいずれ研究者か技術者への道を歩み始めるであろうが、その道の先がこのまま光に満ちたものであることを願わずにはいられない。「軍事研究は行わない」という決意は科学技術に携わる研究者・技術者が自らに課すべき第一義的な倫理的規範であり矜持であると思う。少年の日に芽生えた素朴哲学がたどりついた到達点からの最後のメッセージである。

プロフィール

紀 一誠（きの　いっせい）

1943 年群馬県生まれ。1968 年 3 月東京大学工学部計数工学科数理工学コース卒業。工学博士。1968 年 4 月 NEC 入社（データ通信システム事業部）。1999 年 4 月 NEC9 C＆C システム研究所主席研究員を経て、神奈川大学理学部情報科学科教授。2013 年神奈川大学理学部数理・物理学科教授。2014 年 4 月　神奈川大学名誉教授。1996 年日本オペレーションズ・リサーチ学会フェロー。専門分野　待ち行列理論。

著書：「待ち行列ネットワーク」（朝倉書店、2002 年）、「性能評価の基礎と応用」（共立出版、亀田・李 共著、1998 年）、「計算機システム性能解析の実際」（オーム社、三上・吉澤 共著、1982 年）、「経営科学 OR 用語大事典」（朝倉書店、分担執筆、1999 年）、他。

科学と技術

齊藤　光實

　科学と技術は科学・技術と一まとめにされることがよくあります。この・（中点）は、全く一緒ではないものの、よく似たものを一まとめにするために用いられます。では、科学と技術はどこが似ていてどこが違うのでしょうか。

　科学は英語の science に当てられた漢字で、science の語源はラテン語の scio（スキオ、知る）です。それで、科学の中心的な意味は「知る」です。一方、技術にあたる英語 technology の語源はギリシア語の techne（アート）と言われます。アートとは自然と対照的なすべての人工物を指し、そこから転じて、それを作る技能の意味になりました。

　根源的な意味は違いますが、両者には密接な関係があります。科学から技術が生まれます。これは説明の必要がないでしょう。一方、技術を使って科学が進歩することも間違いありません。新しい技術が自然科学を進歩させます。研究に新技術が用いられて、今までわからなかったことが明らかになります。あるいは、技術的な問題に取り組むことから基礎的な知識が得られることがあります。

　それでは、両者の特徴はなんでしょうか。まず、技術の特徴を考えましょう。技術は、一番新しいことが重要で、しかも、少し努力すれば誰でも簡単に習得できるという特徴を持っています。X 線の発見とその応用についてこのことを考えてみましょう。X 線はドイツの物理学者のウィルヘルム・レントゲンによって 1895 年に発見されました。これは全くの基礎的研究でした。レントゲンは、クルックス管から出る陰極線を研究中に、黒い紙や木片などを透過する未知の放射線を発見して X 線と名付けたのでした。この発見は 1895 年の 12 月末に公表されましたが、1896 年の 2 月の初旬には、米国の骨折した患者の診察と被弾したカナダ人の銃弾の検出に X 線が用いられたと言われています。発見からわずか 1、2 ヵ月で、X 線が医学の

技術となったのです。日本では 1896 年の 3 月に長岡半太郎がドイツから送ったX線の紹介記事が雑誌に載りました。手のレントゲン写真が添えられています。また、1909 年には国産第一号の医療用X線装置が病院に設置されています。このように、技術の伝播は驚くほど速いことがわかります。

　技術は、伝播が速いということに加え、努力さえすれば誰でも 0 から簡単に最新のものに追いつけるというもう一つの特徴をもっています。日本は戦後に技術大国として欧米と並んで世界を牽引してきました。しかし、今では今まで遅れていたと思われた国々の技術が日本の技術に追いつき、人工物を作ることにおいて日本が優位を保つことが困難となってきています。これはわずか 20 年か 30 年のことです。

　技術の習得が、比較的、簡単である訳は、その技術を支えている原理を詳しく知らなくても利用できるということです。X線装置を使うのに電磁気学をしっかり勉強しなければ使えないというわけではないのです。これが技術の伝播の速度が速いことの主原因だと思われます。高校生でもやり方を知れば適当な装置を使って DNA の塩基配列を決定できます。

　翻って、科学、すなわち、知る方はどうでしょうか。X線とは何かということを知る前にX線が技術として使われました。知ることには際限がありません。X線の本態も今では随分と理解が進んでいるでしょうが、まだ、わからない所もあるでしょう。本質を知ることはなかなか難しいことです。

　基礎的な科学は学ぶのに困難が伴います。しかし、基礎科学が衰えると、技術の進歩は確実になくなります。すぐに役に立つ、すぐに利益に結びつく技術と直結した応用研究に目を向け続けていると技術の源泉が涸れることになるでしょう。

プロフィール

齊藤　光實（さいとう　てるみ）

　1943 年滋賀県生まれ。1967 年京都大学薬学部卒業。1972 年京都大学薬学研究科博士課程満期退学。薬学博士（京都大学）。1972 年住友化学宝塚研究所研究員。1973 年より京都大学薬学部助手、助教授。その間、米国テキサス大学医学部ヒューストン校博士研究員。1989 年神奈川大学理学部教授。神奈川大学名誉教授。専門は生化学、微生物学。

　著書に"Intracellular Degradation of PHAs"（共著）（Biopolymers, Polyesters II、Wiley-VCH、2002）

科学技術進歩のもつ危うさ

庄司 正弘

　昨年来の未曾有のウイルス禍により、学校閉鎖などに見舞われた中、今回も多くの応募がありました。内容も例年に劣らず優れたものでした。大変嬉しく、皆さんのご努力に敬意を表したいと思います。

　このたび、大賞、優秀賞、努力賞に選ばれた論文は、いずれも大変優れたものであり、できれば個々について講評したいところでありますが、紙数の関係もあり、大賞に選ばれた「気柱の開口端補正」の研究に対してのみ、少し述べさせていただきます。この課題は音響学における地味ですが基本的で大切な課題です。工学分野でも、「釜なり」現象など騒音の問題の解析にあっても重要です。この研究では、新しい解釈が示されるなど、すばらしい成果が得られており、もし私が現役であれば、シュリーレン法、レーザホログラフィー法、影絵法などの可視化手法によって、その研究の成果を自分でも確かめたであろうと思うような興味深いものでした。

　このような皆さんの研究を含み、国内外の大学や研究機関における研究によって、科学や技術は目覚しく発展してきました。しかし一方、ここ数年経験した地震、水害などの自然災害、原発などで見られる種々の事故、さらには現在直面している疫病の蔓延などを見ると、科学技術は本当に進歩しているのか、危うい面のあることを痛感せざるを得ません。これらの災害や事故の問題はいずれも、昔から人類が直面し、その解決に立ち向かってきた最重要の課題ばかりです。それなのに、今日でも我々は誠に無力であり、その脅威に打ち勝つには至っていません。まさに、科学技術の進歩よ奢ることなかれ、と改めて叫びたくなります。

　コロナなどの疫病に関することは専門外のことでよくわかりませんが、こと技術関係に限って言えば、災害や事故は、もっとも基本的な部分で過ちを犯しているために起るのではないかと思います。一例ですが、機械の要素部品にボルト・ナットやネジがあります。機械構成の最も基本となる

　ものです。以前、ある航空機が着陸時に車輪が出なくなり、胴体着陸をせ
ざるを得なくなりました。機長の適切な対応で胴体着陸は幸い無事になさ
れたのですが、なんと、事故の原因は固定ボルトの破損にあったのです。
その他にも、ある機械が重大事故を起こし、その原因探求は困難を極めて
いましたが、なんと単にボルトの破損がもたらしたものであったと判明し
たこともありました。基本中の基の部分に問題があったのです。

　ボルトやナット、それに関連したネジや歯車などの要素部品に関連した
事項について、その材料や強度、歯形の形状の問題など、現在でも未解決
の問題や課題が数多く残されています。にもかかわらず、現在、それらに
ついて研究している人はほとんどいなくなっています。研究したい人がい
なくなったのかと言えば、そうではありません。出来なくなったのです。
近年は、効率優先、直ちに役に立つもの、社会受けする華々しく見える課
題ばかりが重視され、研究に必要な経費の配分がそうしたものに特化して
いる現状があります。こうした考えや施策が本当に良いのかどうか、そろ
そろ真摯に反省し考え直してみる必要があるのではないかと思います。

プロフィール

　庄司 正弘（しょうじ　まさひろ）

　1943 年愛媛県生まれ。1966 年東京大学工学部卒業、1971 年東京大学工学系大学院修
了、工学博士。東京大学工学部専任講師（1971 年）、助教授（1972 年）、教授（1986 年）
を経て 2004 年退官、名誉教授。同年、独立行政法人産業技術総合研究所招聘研究員。
2006 年神奈川大学工学部教授、工学部長、理事・評議員（職務上）を歴任。専門は熱流
体工学。日本機械学会名誉員、日本伝熱学会会長を務め永年名誉会員。著書に「伝熱工
学」（東京大学出版会）、編著に "Handbook of Phase Change"（Taylor & Francis）、
"Boiling"（Elsevier）等。Nusselt-Reynolds 国際賞、東京都技術功労賞、Outstanding
Researcher Award（ASME：米国機械学会）など。

科学者としての視野を広げよう

菅原　正

　私は今回、全国高校生理科・科学論文大賞の審査委員として、初めて参加させていただくことになりました。この企画は、高校で習う数学、理科の科目の枠に囚われず、高校生が自然界から興味ある課題をみつけ、独創的な実験を通じて新しい発見を目指すという点で、まさに科学の本質に関わる試みと言えると思います。審査する我々も自分の専門は少し脇において、全応募論文の中からすぐれた論文を探し出すという得難い作業を経験することができるのです。この審査をさせていただく中で、次のような感慨が湧いてきました。

　現代の科学は、数学、物理学、地学、化学、生物学、心理学などの分野に細分され、急速な発展を遂げました。しかし今、我々の身の回りには、地球温暖化や海洋プラスチックといった環境の問題、エネルギー枯渇の解決法、世界の食料問題、感染病のパンデミックなどの難問が取り巻いています。これらはいずれも、物理学だけで、生物学だけで解決できる問題ではありません。各分野の専門家が協力して初めて解決策が出てくる問題が多いことに気づきます。その解決のためには、それぞれの分野の専門家が自らの方法論で複合的な問題に取り組み、意見交換を重ねることで、連帯感が生まれるとともに分野を超えた解決法が見つかる、いわゆる学際的アプローチが不可欠です。現代はそのよう課題に挑戦しようという好奇心に満ちた若い人材を待望しているのではないでしょうか。

　今回の論文も例年に劣らず、いずれも大変優れたものでした。まず大賞に選ばれた「開口端補正の謎に迫る〜事実？それとも考え方？〜（原題）」ですが、高校生でこのように基本的問題に興味を感じ、疑問点を適切な仮定のもとに、自作の装置を用いて、本質に迫ったのは驚きです。この一見地味で見逃されがちな現象に取り組んだ姿勢は高く評価できます。

　優秀賞の「「光」を用いた陸上養殖発展技術の可能性について（原題）」の研究で感心したのは、緑光の照射がヒラメの生育を促すことがわかると、通常照射時間を長くすることに関心が向くのに対し、給餌前の10分の照射で

十分な効果があることを見出した点です。タイトルがかなり応用寄りになっていますが、緑色の短時間照射がなぜ有効かという問題提起を前面に出した方が、より高校生らしい研究論文になったのではないかと思いました。

「自作の高い分解能を持つ簡易分光器による電子レンジプラズマの分光（原題）」の研究を遂行するにあたり、分光器を自作したことは、光学の原理の理解につながるという意味で、これからの科学の学習にも大変貴重な体験になったと思います。研究結果は当初の予想外のものでしたが、そのこともまた、良い経験として将来生きてくるでしょう。

「コミヤマスミレの謎を追う（原題）」は、これまでの研究の積み重ねを基に、コミヤマスミレの系統学的研究を全国規模（北海道を除く）で行なったものです。生育環境、柱頭の形などのマクロな解析から、葉緑体 DNA の分子生物学的ミクロな解析に至る研究を通じ、これまでの分類に疑問を投げかける結果を得ています。将来、立派な論文を発表できるのではと期待しています。

高校生が忙しい学業の中で、このように科学の研究に関心をもって実験に取り組んでいることは、日本の科学・技術の将来にとって、大変心強い限りです。このような成果を挙げるに当たり、指導された先生方のご努力にも深い敬意を捧げたいと思います。と同時に、研究活動の原点には高校生の自主性の育成があることに、ご配慮頂きたいと願っています。

プロフィール

菅原　正（すがわら　ただし）

1946 年　東京都生まれ。1969 年東京大学理学部卒業、1974 年東京大学理学系研究科修了、理学博士、1975～1978 年米国ミネソタ大学、メリーランド大学 Research Fellow、1978 年岡崎国立共同研究機構分子科学研究所助手、1986 年東京大学教養学部基礎科学科助教授、1991 年同教授、2010 年東京大学名誉教授、2010 年～2014 年放送大学非常勤講師、2012 年神奈川大学理学部化学科特任教授、2013～2017 年同教授、2017～2019 年同特任教授、2019～現在同客員教授、2006 ～現在日本学術会議連携委員（2009～10 年結晶学分科会委員長）、2013～2016 年豊田理化学研究所客員フェロー　専門有機物理化学（有機磁性、導電性）、有機生命科学（人工細胞）著書 超分子の科学（共偏、裳華房）、現代科学（共偏、放送大学）、"Minimal Cell Model to Understand Origin of Life and Evolution"、（共著、Evolutionary Biology from Concept to Application II, Springer Verlag 2009）他　受賞 2008 年電子スピンサイエンス学会賞、2012 年第 3 回分子科学会賞、2017 年電子スピンサイエンス学会名誉会員、2018 年基礎有機化学功績賞

未来への若々しい着想に期待する

内藤 周弐

　今年度もまた、全国98校の高校生諸君から222編の理科・科学論文をご応募頂き、興味深く拝読致しました。研究テーマも物理・生物・化学・地学・情報と多分野にわたり、優劣の付け難い力作ぞろいでした。

　大賞に輝いた群馬県立藤岡中央高等学校の論文「開口端補正の謎に迫る～事実？それとも考え方？～（原題）」は、高校物理の教科書に記載されている「開口端の腹の位置は管口より少し外側にある」という一般論に疑問を持ち、自分達で考え出したパルス波の実験や気柱の共鳴実験を通して教科書を超えた結論を導き出しており、大賞に値する素晴らしい作品です。

　優秀賞の一つである埼玉県浦和実業学園高等学校の論文「「光」を用いた陸上養殖発展技術の可能性について（原題）」では、緑色光の照射がヒラメの成長を促進するという既知の事実に対し、高校生らしい粘り強い観察から、通常8時間行われていた光照射時間を10分まで短縮した時に最大の促進効果の得られることを見出したことは素晴らしく、実際の養殖事業においても貴重な知見になるものと期待されます。二つ目の優秀賞には兵庫県立姫路東高等学校の「自作の高い分解能をもつ簡易分光器による電子レンジプラズマの分光（原題）」が選ばれました。電子レンジ内で発生するプラズマ発光の発生原因を、自分たちで作り上げた簡易の分光器を使って観測し、ナトリウムのD線であることを確認した点は高く評価されます。もう一つの優秀賞である兵庫県立小野高等学校の論文「コミヤマスミレの謎を追う（原題）」では、身近な野の花・スミレの系統分類に挑戦し、先輩達の先行研究の結果を踏まえた遺伝子解析の結果から新たな結論を提案しています。

　惜しくも努力賞となった作品は14編ですが、中でも愛媛県立西条高等学校の論文「マグネシウムの空気電池の非常用電源への活用（原題）」では、

高校生らしい着想で電解質水溶液の改良や電極材の開発にまで挑戦し、高電圧化・長寿命化を達成している点は特筆に値します。また、滋賀県立彦根東高等学校の「"自然数の累乗和"の累乗公式～図形の入れ子構造を利用した公式生成アルゴリズム～（原題）」の論文では、二次元かぎ型図形の入れ子面積の計算から累常和の平方公式を、さらに、三次元かぎ型図形の入れ子体積の計算から立法公式を得ており、最後に次元を一般化してm次元立方体の体積を入れ子構造を持つかぎ型に分割して計算することから、高次の累乗公式を導出することに成功しています。

　今回、本論文大賞に参加された皆さんは、歴史的にも類を見ない新型コロナウイルス感染症の全国的蔓延のために不安な高校生活を過ごされて来たと想像します。そんな過酷な状況の中で、若々しい疑問に対して観測や実験・討論を粘り強く繰り返し、立派な理科・科学論文に仕立て上げた努力に敬意を表したいと思います。

　来年度は神奈川大学高校生理科論文大賞も第20回の節目の年を迎えます。2021年がコロナ感染収束に向かうか否かは、まだまだ予断を許さない状況ですが、来年もまた沢山の未来の科学者からの素晴らしい論文にお会いして、楽しい対話のできることを期待しております。

プロフィール

内藤　周弌（ないとう　しゅういち）

　1943年　北海道生まれ。1967年東京大学理学部卒業。理学博士。東京大学理学部助手・講師・助教授、トロント大学　Research Fellow、神奈川大学工学部教授、神奈川大学名誉教授。専門は触媒化学。
　著書に『反応速度と触媒』（共著）（技報堂、1970年）、『界面の科学』（共著）（岩波書店、1972年）、『触媒化学』（共著）（朝倉書店、2004年）、『触媒の事典』（分担執筆）（朝倉書店、2006年）、『触媒化学，電気化学』（分担執筆）（第5版実験化学講座25、日本化学会編、丸善2006年）、『触媒便覧』（分担執筆）（触媒学会編・講談社、2008年）、『固体触媒』（単著）（共立出版、2017年）ほか。

身近なことから不思議を感じる力

西村 いくこ

　全国高校生理科・科学論文大賞の受賞者の皆様と指導に尽力された先生方に、心よりお祝い申し上げます。優秀賞の候補論文は理科の広い分野にわたるもので、高校生らしい発想から生まれた論文や丁寧な観察に基づく論文がある一方で、目のつけどころに驚かされる論文もありました。審査の最終段階で絞り込まれた6編については甲乙付け難い状況でした。この中から選ばれた大賞1編と優秀賞3編は、物理学と生物学の分野の優れた論文となっています。

　大賞のグループ研究論文「開口端補正の謎に迫る〜事実？それとも考え方？〜（原題）」は、高校生らしい発想から始まった研究で、自作装置を用いて丁寧な実験を行った結果、一般的に信じられている説を覆すという素晴らしいものでした。研究を始めるきっかけは、身近なところにあります。小学校や中学校の教科書に記載されていることには間違いはないと思い込んでしまいますが、そこに疑問を投げかけ、それを試してみるという姿勢は大変得難いものと思います。このような「疑問を生み出す力」とそれを試してみる姿勢を大切にしてほしいと思います。

　優秀賞のグループ研究論文「自作の高い分解能をもつ簡易分光器による電子レンジプラズマの分光（原題）」も、素朴な疑問を解くために、まず、高い分解能をもつ装置分光器を自作して試してみたものです。著者らは、日本学術振興会の公開講座「ひらめき☆ときめきサイエンス」に参加して、そこで素朴な疑問点を見出しています。昨年、著名な科学雑誌（PNAS）に、ブドウの実を使ってプラズマ発生に水が必要と報告が掲載されていましたが、これに対して、水は存在しなくても電子レンジ内でプラズマは発生するという結論を導いている点も興味深いものでした。

　優秀賞の個人研究論文「「光」を用いた陸上養殖発展技術の可能性について（原題）」は、養殖魚に関心をもつ著者が、専門家の教えを請いつつ、緑

色光照射がヒラメの成長を促すことを見出したものです。魚の養殖技術向上を目指した研究として評価できます。この結果は、新たな問いを生みます。つまり、「なぜ、給餌前のわずか10分の緑色光照射でヒラメの生育を促進するのか？」という問いです。研究は、論文にした時点で完結するものではありません。結果が新しい問いを生み、それを解く方法を考えるという過程をたどります。この過程で、どの方向に進むか、どのような解決方法を作り出すかに個性がでてきます。「研究は人となり」と言われる所以です。

　優秀賞のグループ研究論文「コミヤマスミレの謎を追う（原題）」は、校区内の数カ所だけに生育するコミヤマスミレを観察して抱いた素直な「コミヤマスミレはミヤマスミレに分類されているけれど本当だろうか？」という疑問から始まっています。この観察眼も素晴らしいものです。新しい技術（DNA配列を比較する分子系統解析）を取り入れて、コミヤマスミレがツクシスミレ節に分類されることを示唆する結果を得ています。

　皆さんには、身近なものを丁寧に観ることで、不思議を感じる力と疑問を生む力を是非大切にしてもらいたいと思います。

プロフィール

西村 いくこ（にしむら　いくこ）

　1950年京都市生まれ。1974年大阪大学理学部卒業、1979年大阪大学大学院理学研究科博士課程修了、同年学位（理学）取得。岡崎国立共同研究機構助手（1991年）、同助教授（1997年）、京都大学大学院理学研究科教授（1999年）、甲南大学大学院自然科学研究科及び同学理工学部教授（2016年）を経て、甲南大学特別客員教授（2019-2020年）、日本学術振興会学術システム研究センター副所長（2017-2020年）。専門は、植物細胞生物学。日本学術会議連携会員（2006-2014年）、日本植物生理学会会長（2014-2015年）、日本生化学会名誉会員（2015年）、アメリカ植物生理学会名誉会員（2015年）、京都大学名誉教授（2016年）、甲南大学名誉教授（2021年）日本学術会議会員（2014年）。中日文化賞（2006年）、文部科学大臣表彰科学技術賞（2007年）、日本植物生理学会賞（2013年）、紫綬褒章（2013年）受賞。

大賞論文

●

大賞論文

「開口端補正（かいこうたんほせい）」は事実ではなく考え方だった！

（原題）開口端補正の謎に迫る～事実？それとも考え方？～

群馬県立藤岡中央高等学校　F.C.Lab
３年　黒澤 樹李亜　髙橋 舞　牧野 さちえ

●

研究を始めたきっかけ

　開口端でのパルス波の反射や気柱の共鳴において開口端補正 ΔL が知られており、その大きさは管の半径の約 0.6 倍になると言われている（**図 1**）。開口端補正を考えると、開口端での反射や気柱の共鳴振動数をうまく説明できる。しかしながら、「開口端の反射点は外側にあり、定常波の腹は飛び出している」というのは事実なのか考え方なのかはっきりしておらず、それを示す実験データも見当たらない。今治西高校らの先行研究[1] によると、直径 100 mm のパイプでは $\Delta L = 3$ cm、一般的なメガホンでは $\Delta L = 10$ cm くらいになるという報告もあるが、このように管口から大きく離れた位置で、本当に反射が起きたり、腹が飛び出したりするのだろうか。

　そこで私たちは「パルス波の反射」実験および「気柱の共鳴」実験を行い、開口端補正は事実なのか考え方なのかという謎に迫った。その結果、**「開口端では反射点が外側にある」**や**「定常波の腹は飛び出している」**という一般論は事実ではなく、一種の考え方であり、**反射波のタイムラグ（時間の遅れ）で説明できる**という結論を得た。

　実験にはコンデンサーマイク（WM-61A）を使用した。録音は「WaveSpectra」を使用して、192khz、32bitの条件で行った。録音したwav形式の音声データを「Audacity」を用いて数値データに変換し、「Excel」でグラフ化することで比較した。

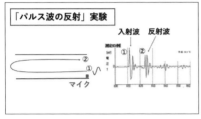
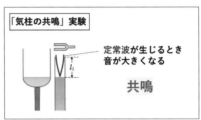
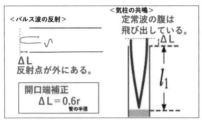

図1　「パルス波の反射」と「気柱の共鳴」

「パルス波の反射」実験

　「①開口端では反射点が外側にある」という説を検証するために、塩ビパイプとスピーカーを用いて、「パルス波の反射」実験を行った（**図2**）。管の直径は50mmと100mmで行った。管の長さは50cmで統一した。

図2　「パルス波の反射」実験

1　事前実験

　事前実験として閉管と開管における反射時間の差Δt を求め、開口端補正ΔL を計算した（図3）。開管と閉管における反射時間の差Δt は 50 mm で 0.11 ms、100 mm で 0.17 ms であり、このデータをもとに計算したΔL はそれぞれ 1.9 cm と 3.0 cm であった。

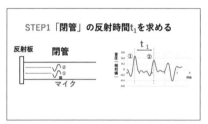

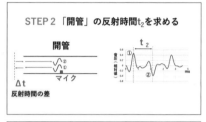

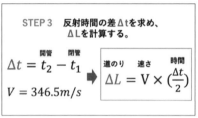

直径	Δt[ms]	ΔL[cm]	0.6r[cm]
50mm	0.11ms	1.9cm	1.5cm
100mm	0.17ms	3.0cm	3.0cm

図3　開口端補正ΔL

2　仮説

　開口端に向かってパルス波を送ると、一部が透過し、一部が反射すると考えられる（図4）。内側と外側にマイクを置くとΔL の外側では入射波が、内側では入射波と反射波の合成波が観測できると考えられる。そこで「もし管口の外側で反射するのならば、ΔL の外側と内側で波形が異なる」という仮説を立てた。

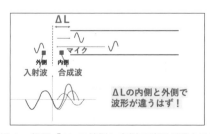

図4　仮説「ΔL の外側と内側で波形が異なる」

3　方法

　スピーカーから 1000Hz の正弦波を 1 ms（1 周期）出す。開口端の位置を 0 cm とし、管の外側（＋7 cm ～ 0 cm）と内側（0 cm ～ －5 cm）でマイクを 1 cm ずつ移動して録音し、初めて観測される波形を比較した（**図 5**）。

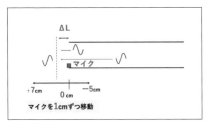

図 5　方法

4　結果

　管の外側にマイクを設置した場合の結果を示す（**図 6**）。グラフの原点は初めて音圧が負になった時刻にとった。

　仮説は誤りだった。直径 50 mm、100 mm ともに、ΔL の外側と内側で波形に変化はなく、振幅が単純に変化しているだけのように見える。つまり、**反射点が外にあるとは考えられない。**

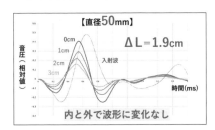
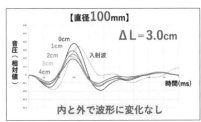

図 6　管の外側にマイクを設置した場合の結果

　管の内側にマイクを設置した場合の結果を示す（**図 7**）。直径 50 mm、100 mm ともに、管の内側にマイクを設置するほど、波形のピークが右側にシフトすることがわかる。

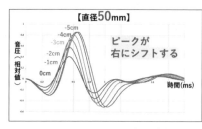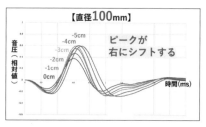

図7　管の内側にマイクを設置した場合の結果

5　考察

①管の中では合成波になっているのか

　まず、「管の内部では入射波と反射波の合成波になっているのか」を確かめるために、合成波のシミュレーションを行った（**図8**）。はじめに入射波の波形を使って、反射波を作る。反射波は入射波の振幅を −R 倍（開口端では音圧の位相は反転。R は事前実験で求めた反射率）して、反射時間だけ遅らせる。反射時間は、たとえば 0 cm の位置では事前実験で求めたΔt、5 cm の位置ではΔt＋往復の長さ分の時間（100 mm/V) となる。入射波と反射波の振幅を足して、合成波を作る。シミュレーションには Excel を用いた。

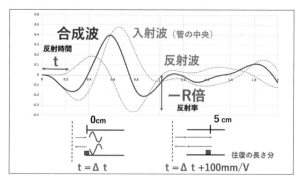

図8　合成波のシミュレーション

　管の直径が 50 mm の場合の実験データとシミュレーションの比較を示す（**図9**）。右側へのピークシフトも再現され、よく一致している。つまり、管の内部では合成波が観測できると考えられる。

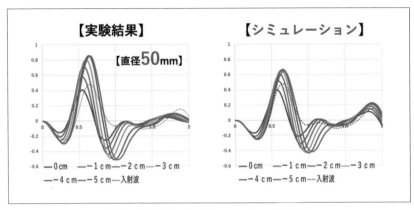

図9　実験データとシミュレーションの比較

②開口端では反射に時間がかかるのではないか

　次に「反射点が外側にない」ことについて考察した。開口端の外側で反射するのが事実でないとすると、反射は開口端で起こり、反射に時間がかかるのではないかと考えた（**図10**）。

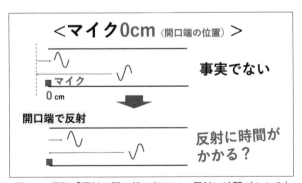

図10　仮説「反射は開口端で起こり、反射に時間がかかる」

　マイク位置0cmでのシミュレーション結果を示す（**図11**）。反射に時間がかかるとして、Δtを考慮した場合（左）には実験結果とシミュレーションはよく一致するが、Δtを考慮しない場合（右）には一致しないことがわかる。つまり、反射に時間がかかると考えられる。
　ボールを壁にぶつけるイメージで考えると、ボールは壁で反射するとき

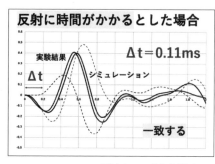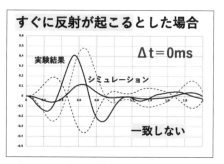

図 11　マイク位置 0 cm でのシミュレーション結果

に、一度潰れて、反射に時間がかかる（**図 12**）。この現象は壁の外側で反射すると考えても説明がつく。これと同様に、開口端補正についても、開口端では外側で反射が起きているのではなく、反射に時間がかかると考えられる。

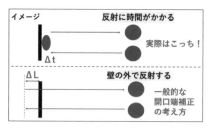

図 12　ボールに壁をぶつけるときのイメージと開口端補正の関係

6　まとめ

　開口端でのパルス波の反射は反射点が管の外側にあるのではなく、反射波にタイムラグ（時間の遅れ）が生じると考えられる。

「気柱の共鳴」実験

　次に、「定常波の腹は飛び出している」という説の検証を行うために、パルス波の反射実験と同様の装置で、スピーカーから共鳴振動数の音を出し、塩ビパイプの中に定常波（基本振動）を作って実験を行った（**図 13**）。管

の直径は 50 mm と 100 mm で行った。管の長さは 50 cm に統一した。

図 13　「気柱の共鳴」実験

1　事前実験

　事前実験として、基本振動の共鳴振動数 f_1 と開口端補正 ΔL の測定を行った（**図 14**）。f_1 の測定はスピーカーから振動数を変化させた音を出して、スピーカーと反対側の管口の外に置いたマイクで音圧を測定し、はじめて音圧が最大になる振動数として求めた。f_1 は 50 mm で 317Hz、100 mm で 301Hz であり、このデータをもとに計算した ΔL はそれぞれ 1.4 cm と 2.8 cm であった。

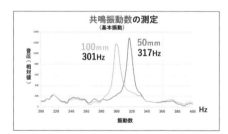
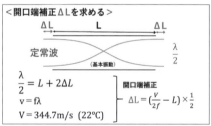

図 14　共鳴振動数の測定（左）と開口端補正の計算（右）

2　仮説

　基本振動の共鳴振動数 f_1 の音を出し、管内に基本振動を作ったとき、音圧は節で最大、腹で最小になることが知られている。このとき、マイクを移動しながら音圧の測定を行うと、もし定常波の腹が管の外側に飛び出しているのなら、管の外側で音圧が最小になる場所があるはずである（**図15**）。そこで「管の外側に音圧の最小値がある」という仮説を立てた。

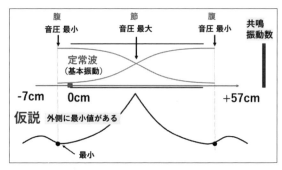

図 15　仮説「管の外側に音圧の最小値がある」

3　結 果

　基本振動の共鳴振動数 f_1 の音をスピーカーから出し、管内に基本振動を作った状態で、マイクを移動しながら音圧を測定した結果を示す（**図 16**）。

　仮説は誤りだった。管の外側で音圧の最小値は存在しなかった。つまり、定常波の腹は飛び出しているとは考えられない。

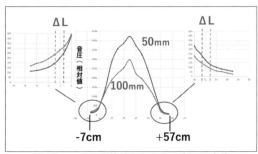

図 16　マイクを移動したときの音圧の変化
（拡大図の点線は 50 mm、100 mm のときのΔL を表す）

4　考 察

　定常波の腹が飛び出すのが事実でないとすると、気柱の共鳴における開口端補正についても、反射波のタイムラグで説明がつくのではないかと考えた。そこで、定常波のシミュレーションを行った（**図 17**）。まず、開口端の位置を原点として、正弦波の式を用いて負の方向に進む入射波を作る。振幅は 1 m、周期は 1 ms、波長は 0.34 m と適当に設定した。

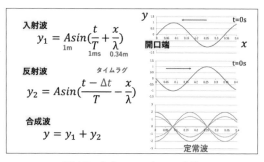

図17　シミュレーション方法

　次に、正の方向に進む反射波を作るが、このときに反射波はタイムラグ
Δ t が生じると考え、式の中に入れる（開口端では音圧の位相は反転する
が、振幅の位相は反転しない）。入射波と反射波を足して、合成波を作る。
この合成波は定常波になる。シミュレーションには Excel を用いた。

　タイムラグΔt が 0 ms の場合には開口端の位置に腹が生じた。Δ t が
0.1 ms の場合には腹が飛び出したような定常波が、Δt が 0.2 ms の場合に
はさらに腹が飛び出したような定常波になった（**図 18**）。つまり、管口よ
り外側に腹が飛び出していなくても、反射波にタイムラグが生じると考え
れば、気柱の共鳴における定常波を説明することができる。

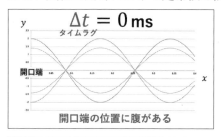

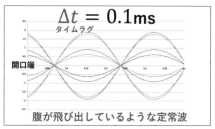

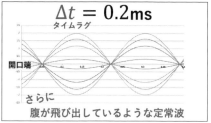

図18　定常波のシミュレーションの結果

5　まとめ

　気柱の共鳴における定常波は、開口端で腹が飛び出しているのではなく、反射波にタイムラグが生じるために、腹が飛び出しているような定常波が管内に生じると考えられる。

結 論

　本研究では「パルス波の反射」実験および「気柱の共鳴」実験を行い、「開口端では反射点が外にある」や「定常波の腹は飛び出している」という一般論は事実ではなく、考え方であり、反射波のタイムラグで説明できるという結論を得た（図 19）。

　高校物理の教科書[2]には「開口端の腹の位置は管口より少し外側に出ている」と明記されている。本研究で得た結論は教科書を変える発見かもしれない。

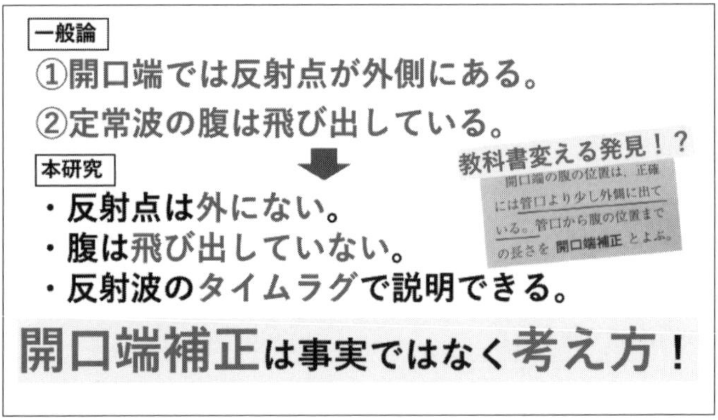

一般論
①開口端では反射点が外側にある。
②定常波の腹は飛び出している。

本研究
・反射点は外にない。
・腹は飛び出していない。
・反射波のタイムラグで説明できる。

教科書変える発見！？
開口端の腹の位置は、正確には管口より少し外側に出ている。管口から腹の位置までの長さを 開口端補正 とよぶ。

開口端補正は事実ではなく考え方！

図 19　結論

〔謝　辞〕

　本研究を行うにあたり、群馬県立藤岡中央高等学校の岡田直之教諭の指導を受けました。紙面を借り感謝申し上げます。

〔参考文献〕

1)　横手心剛 他「開口端補正の謎を探る」(2012) 今治西高校
2)　改訂版「物理基礎」数研出版 (2019)　P175

●
大賞論文

受賞のコメント

受賞者のコメント

最後まで諦めないことで新説を提案

●群馬県立藤岡中央高等学校

F.C.Lab　3年　黒澤 樹李亜　髙橋 舞　牧野 さちえ

　研究を始めた当初は、物理の教科書に記載されている「開口端補正」の定説を証明するデータが得られると思っていたが、それを証明するデータは得られなかった。このことから、定説に疑問を抱き、研究を重ねていくうちに、「反射に時間がかかる」という新たな説を立てることができた。記録したデータの量は莫大で、途中何度も挫けそうになった。しかし、挫けずに最後まで取り組んだことで、教科書とは異なる説を提案することができ、さらにこのような素晴らしい賞をいただくことができた。この研究を通して、常識を疑い、さまざまな角度から物事を検証すること、最後まで諦めずに取り組むことの大切さを学んだ。最後に、ご指導をして下さった岡田先生、審査員の方々に感謝申し上げます。

指導教諭のコメント

やってみないとわからない

●群馬県立藤岡中央高等学校　教諭　岡田 直之

　吹奏楽をやっていて音の研究に関心があったメンバーに、管楽器と関係が深い「開口端補正」について紹介したことがこの研究を始めたきっかけであった。この研究を通して感じたことは「やってみないとわからない」ということである。教科書に基づいて仮説を立て、それが証明されることを期待して測定してみたが、そうはならなかった。教科書に書かれていることを教える立場にある私にとって衝撃であった。定説を鵜呑みにせず、実験データを元に真実に迫る姿勢は、科学的に探究する資質・能力の根幹をなすものであり、このような経験ができたことは生徒たちにとっても幸運だったと思う。最後に、このような機会を与えていただいた関係者の皆様に感謝申し上げます。

地に足のついた研究で結論に説得力

　本論文は、高校の物理教育において、ともすれば軽視されがちな「開口端補正」について詳細な実験及び数値シミュレーションを行い、従来の教科書の説明に疑問を投げ掛けた鋭い内容を有している。

　開口端補正とは、気柱での空気の振動において、開口部での振動の腹の位置が気柱の外部にずれている（とされててきた）ことを指す。高校の教科書では、このずれが実在するかのように長年記述されてきた。大学入試問題が開口端補正を正面から扱うことが少ないこともあり、この問題を深く考える高校生は稀であろう。そして、大学においても、このような音波の古典的な問題について深く学ぶ機会はほとんどないのが実態である。

　この開口端補正に関し、受賞者は実験設備の自作から始めてさまざまな実験をした結果、腹が気柱外部にずれて存在するということはないことを明確に示した。さらに、開口端補正によって説明されて来た気柱内部の振動位置のずれは、気柱端での入射波と反射波の時間差で説明できることを、数値シミュレーションで具体的に示した。これらの結果は、従来の教科書の説明に重大な疑問を投げかける斬新なものである。

　本研究の手法や考察は高等学校で学ぶ水準の知識に基づいている。即ち、借り物の知識を前提とせず、地に足がついた研究であり、そうであるがゆえに、その結論は非常に説得力をもっている。その一方で、その研究過程は高校生離れして洗練されており、率直に感銘を受ける。また、ほとんどの者が見過ごしてきた問題に着眼した研究者としての姿勢も称賛されるべきであろう。受賞者が今後もこのような姿勢を貫いて今後も研鑽を詰まれ、科学の発展に本質的な寄与をされることを願ってやまない。

（神奈川大学理学部　教授　木村　敬）

優秀賞論文

「ヒラメやマダイの生産工場」を目指して

（原題）「光」を用いた陸上養殖発展技術の可能性について

浦和実業学園高等学校　生物部
２年　大瀧 颯祐

研究のきっかけ

1　専門家からの指導

　浦和実業学園生物部では、自由に探求活動ができる環境が整っており、中学１年生のときからテーマを決めて探求を始めている。私が養殖魚の生産に関する研究を始めるに至ったきっかけは、今から８年前の 2012 年、部活動で自作の装置を用いて養殖魚を食べられるサイズにまで育てあげたことに始まる。

　研究の初期段階においては、マダイ *Pagrus major*、カンパチ *Seriola dumerili*、その他いろいろな魚種の飼育を試みたが、一般的な観賞魚の飼育方法をベースとした飼育装置では、どの魚種においても飼育を軌道に乗せるまでには至らなかった。

　そのような中で、特定非営利活動法人日本養殖振興会（埼玉県幸手市幸手 3500-4）の斉藤浩一代表理事から「ろ過装置の自作方法」などの指導を受ける機会があった。斉藤氏は、近畿大学水産養殖種苗センターと教育機関への養殖教育導入を目的とした協力関係を結んでおり、養殖魚の稚魚を

入手するルートがあった。さらに近畿大学水産研究所の家戸啓太郎教授を
はじめとする研究者の皆さまから指導助言をいただくチャンスも得ること
ができた。斉藤氏からは、その後も定期的な指導を受けることで、ヒラメ
Paralichthys olivaceus やクエ *Epinephelus bruneus* を試食できるまでに成
長させる飼育技術を得た。

2　海産魚類の養殖漁業

　現在の漁業は、海面漁業と養殖漁業とから成り立っており、世界中の
人々の食生活を支えている。海産魚類の養殖漁業は、現在のところ海沿い
の地域を中心に盛んに行われており、十分な水揚げ量に達している。しか
し、近い将来には人口増加に伴い水産資源の枯渇が懸念されており、今後
の水産業のあるべき姿の転換が迫られている[1]。すなわち、「獲る漁業から
育てる漁業に転換」し、養殖業を発展させていくことは、人類の大きな課
題だと言える。そしてその解決に向けて、各方面の研究機関におけるさま
ざまな努力がなされている。一例として、近畿大学の家戸教授らによりゲ
ノム編集で得られた筋肉増強マダイ（肉質が従来の 20％増）は、将来の養
殖漁業のあり方を見据えた成果である[2]。いずれヒラメやクエなどにも応
用されるであろう。

　このような技術を実用化させていく一つの方法として、陸上養殖、特に
掛け流し式養殖に比べメリットが多い閉鎖循環型養殖システムをより効率
的にし、養殖技術の工業化を目指して陸上養殖の新たな発展に力を注いで
いくことも大切である。内陸部での海産魚類の養殖業の活性化や、各方面
からの雇用の拡大を図ることで、近未来型の魅力的な養殖漁業を展開し、
より多くの従事者を育成するなど、広い視点から水産資源を確保し、世界
に誇る日本の食文化を守っていくことは、重要視すべきことであると考え
る。

　陸上養殖は、閉鎖型の水槽内で魚類を管理するため、人工海水にかかる
費用、水質管理にかかる光熱費など従来の養殖形態と比較してコスト面で
不利である。そのため、注目を集めながらも伸展性に欠けている。しかし、
陸上養殖では水揚げ量が安定的であり衛生面でのメリットも多い。さらに、

今後技術を向上させることで、人件費の削減も十分に可能である。そこで、本校では、これまでの養殖漁業をより経済的かつ効率的にし、さらには付加価値を高めていくことを目標として、これまで得てきた基礎研究の成果を集結させたいと考えた。この目標に対し、「光」を使ってアプローチした2つの研究で得られた技術の可能性について述べる。

緑色光照射によるヒラメの成長促進効果とその応用

1　目的・仮説

　先に述べた考えに基づき、より経済的で効率的な飼育方法はないものかと模索していたところ、北里大学海洋生命科学部魚類分子内分泌学研究室の高橋明義教授らが緑色光照射により低温下でのマツカワ *Verasper moseri* の成長促進を確認していたことを知った[3]。基本的に魚類は低温下のもとでは食欲が低下し、成長速度が制限される。この結果は、冬季における高熱費の削減につながる画期的なものであった。さっそく高橋教授の研究室を訪問し、指導の依頼を申し出たところ、本校でのコンパクトな装置で養殖魚を育てる技術が評価されるとともに共同研究が許可された。高橋教授によると、光の効果がどのような魚種にどのような効果をもたらすのかが不明であるため、さまざまな魚種で試験を試みて欲しいとのことであった。そこで、私たちはマツカワと比較的近縁種のヒラメで同様の効果が得られるのではないかと考え、ヒラメにおいて光の照射や光環境について調べた。

【実験Ⅰ】低温下で飼育するヒラメに緑色光を照射する実験

　　　自作の JCO 式オーバーフロー水槽（**図1**、**図2**）を2つ用意し、各水槽に13個体のヒラメ稚魚を放ち、90日間飼育した。

　　　照明器具には、Mars Aqua 製の Aquarium Light LG-G03A55LED の緑色光（波長500nm、光量子束密度220 $\mu\mathrm{mol\cdot m^{-2}\cdot s^{-1}}$）を使用した。照射した緑色光は、光源から45cmの距離で約30000lxである。飼育適温より5℃低下させた18℃で飼育し、一日一回決まった時間に

魚が餌に反応しなくなるまで餌を与えた。

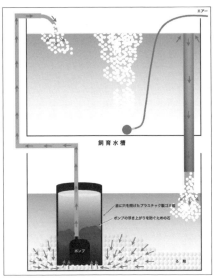

図1　JCO 式オーバーフロー水槽

図2　自作のろ過装置

【実験Ⅰ】の結果

　　図3に示すように、緑色光を照射したヒラメは照射なしの対象区に比べ大きく成長した。これにより、ヒラメにおいても低水温下での緑色光照射による食欲増進、成長促進効果が得られることを確認した。

図3　低温下でヒラメに緑色光を照射した実験

【実験Ⅱ】緑色光の照射時間を短縮する実験

　【実験Ⅰ】では、平均日照時間を参考にヒラメへの緑色光照射を8時間に設定していた。しかし、日々のヒラメの観察から、緑色光の照射から比較的早い段階での摂食行動が確認された。緑色光の照射時間を短縮することが可能であれば、陸上養殖において懸念されているコスト削減に繋げることができる。そこで、**【実験Ⅱ】**では緑色光照射時間を給餌前10分まで短縮し、5cm程度に成長した稚魚13個体をそれぞれの水槽で飼育した。その他の条件は実験Ⅰと同様にした。

【実験Ⅱ】の結果

　飼育開始時から90日後の体重変化を**図4**に示した。これにより、緑色光の照射は給餌前10分でも同様の成長促進効果が得られることが判明した。

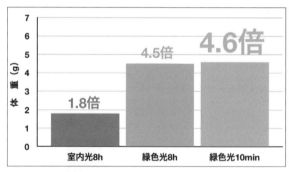

図4　飼育開始時から90日後の緑色光照射時間ごとのヒラメの体重変化

【実験Ⅲ】浅い水深下で飼育するヒラメに緑色光を照射する実験

　これまでの実験を踏まえ、浅い水深でのヒラメの飼育においての緑色光の効果有無についての実験を試みた。水槽を浅くできれば飼育水槽を重ねての飼育が可能となる。これにより、スペースの有効活用や装置のコンパクト化ができるようになり、生産量の増加が見込まれる。また、装置全体の体積削減と各水槽内の海水を節約できる点で、使用する人工海水の量を減らすことができ、コスト削減にも繋がる。しか

し、近畿大学によれば、ヒラメを浅い水深で飼育すると成長が抑制されるとのことであった[4]。そこで私たちは緑色光を照射することによって上記問題点の改善を試みた。

　装置内には、29 cm×38 cm×12 cm の黒色プラスチック製のかごの底に黒色のプラスチック板を敷き詰めた小型の生簀を用意し、5 cm 程度に成長した稚魚 10 個体を飼育した。水深は 10 cm とし、対象区の水深は 45 cm とした。その他の条件は、実験Ⅰと同様にした。

【実験Ⅲ】の結果と考察

　飼育開始時から 90 日後の体重変化を図 5 に示した。また、大きな成長促進差が見られたことは、ヒラメに当たる光の照度に起因すると考えた。

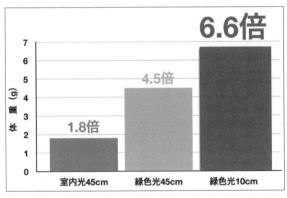

図 5　飼育開始から 90 日後の水槽ごとのヒラメの体重変化

【実験Ⅳ】汽水下で飼育するヒラメに緑色光を照射する実験

　ヒラメは、海水と淡水の入り混じった汽水域でも生存が可能なことが知られている。飼育においても長期的に汽水での管理が可能であれば、【実験Ⅲ】の結果と併せて人工海水の使用量を軽減することが可能となり、経済効果は大きくなる。そこで塩分濃度を 0.4％まで低下させた状態で【実験Ⅲ】に準じた実験を実施した。

【実験Ⅳ】の結果・考察

　ヒラメは、実験開始から20日程度は順調に生育していたが、その後、体表面に**図6**に示すような灰褐色の斑点が目立ちはじめ、それとともに突然死が生じるようになった。実験期間中のヒラメの生存状況については**図7**に示した。

図6　灰褐色の斑点

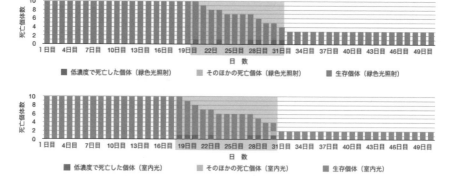

図7　ヒラメの個体数の遷移①

　30日までに約80％の個体が死亡したが、生き残った個体はその後も生育を続け、60日を経過した頃から緑色光を照射した個体の成長が目立ち始めた。また、生き残った中の1個体には特有の斑点が発生していたが、**図8**に示したように徐々に回復していった。

　これらの結果を受けて、この斑点の原因を探っていたところ、偶然インターネットで見たサケが遡上する際に生じる「水カビ病」の斑点が、飼育中のヒラメに生じた斑点に酷似していた。詳しく調べると、やはりこ

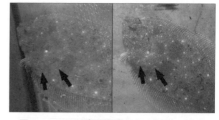

図8　30日以降に観察された斑点の治療

のヒラメに生じた斑点は水カビ
病であることがわかった（**図9**）。

　そこで、水カビ病発現対策、
すなわち段階的に濃度を低下さ
せることで、ヒラメの死亡率を
軽減できる可能性を追及したと
ころ、体表の斑点の発生は抑え
られ、死亡個体も生じなかった
（**図10**）。

図9　サケが遡上する際に生じる水カビ病の斑点

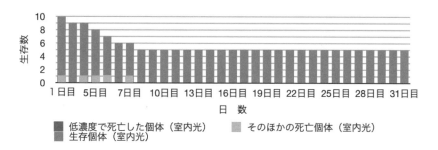

図10　ヒラメの個体数の遷移②

　これらの成果を踏まえた上で、
汽水条件下でのヒラメ飼育を進
めることで、使用する人工海水
が従来の 1/10 程度で済み、さ
らに成長を促進して早く出荷で
きるメリットを得た（**図11**）。

　上記の実験により、ヒラメに
緑色光を照射すれば低水温、低

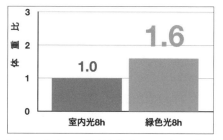

図11　汽水での飼育開始時90日ごとの体重
　　　変化

水深、低濃度などのヒラメにとって悪条件化、さらには光照射時間の
短縮を行っても成長促進効果が得られ、効率的にヒラメを養殖するこ
とが可能となった。

【実験Ⅴ】 ヒラメ生産工場の作成

　【実験Ⅰ】 から **【実験Ⅳ】** の結果を踏まえて、ヒラメ生産の工業化（以下、ヒラメ生産工場）を目指した。システム導入のメリットについては以下のとおりである。

　　① 人件費の削減

　　② 工業化に向けたスペースの有効活用

　　③ 生鮮食品コーナーへの導入

　　④ 定年退職者、身体障害者への雇用拡大

　　⑤ 教育機関への導入と漁業従事者の育成

　しかしデメリットとしては、人工海水などのコスト面が問題となる。この点については、①東京海洋大学と株式会社プレスカが開発した脱窒素素材の使用[5]、②汽水での飼育に緑色光の効果を加えることで改善できると考えており、今回ヒラメ飼育に適した2種の装置を考案した。

【考案1】 水産業の6次産業化を想定した装置

　農林水産省が目指している「農林漁業の6次産業化」とは、1次産業としての農林漁業と、2次産業としての製造業、3次産業としての小売業などの事業との総合的かつ一体的な推進を図り、農山漁村の豊かな地域資源を活用した新たな付加価値を生み出す取り組みである。これにより農山漁村の所得の向上や雇用の確保を目指している。

　すでに多くの事業が参入しているが、私たちは水産業の工業化が現実化すれば、将来的に水産業の6次産業化も可能になると考えた。

①装置の概要

　装置は、コンパクトかつ消費者にとっての見易さを考慮して、**図12** に示すような水槽を斜めに3段重ねたオーバーフロー水槽とした。また、ろ過槽の位置を工夫することで全体の高さを抑えた。

　さらに、LEDライトをTHK株式会社製のLMガイドに取り付けてスライドさせることとした。装置では、海水魚のヒラメを扱うため、装置の錆や故障についての対策にも注意を払った。そのため、

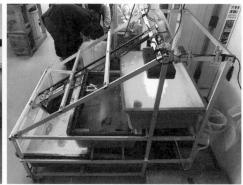

図12　生鮮食品コーナーへの導入を想定した飼育装置

フレームにはアルミニウム製の角柱を採用した。また、LM ガイド
は、特殊な塗料で塗装した製品を用いた。さらに、モータや制御装
置を海水の跳ね返りから防ぐため、それらをプラスチック製のタッ
パー内に収納した。

②ヒラメの飼育に関する工夫

　ヒラメの飼育に関する工夫については、これまでの基礎研究をも
とに行った。各水層には蓋をせず、その縁に透明なアクリル製の囲
いを設けた。蓋をしないことでヒラメをすくい取る際の作業効率を
向上させることを可能とすると同時に、ヒラメの水槽外への飛び出

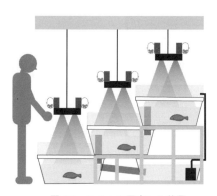

図13　ライトを固定した装置

しによる事故を防いだ。給餌については市販の自動給餌器を使用し、一定時間ごとに LED ライトをスライドさせながら並行して給餌を可能とした設計を施した。

　装置を作成した後、実際にヒラメの飼育実験を継続させることで、何点かの改善点が指摘された。それを考慮して新たに考案したのが図 13 に示した装置である。最大の改良点は、ライトを固定し天状から吊り下げるようにしたことである。これにより、より作業がしやすくなる。またライトを固定するためのアルミニウム角柱が不要となることから、装置全体がすっきりとした見映えとなる他、ヒラメの観察がしやすい点が実用的である。

【考案 2】ヒラメ飼育の工業化を想定した装置

　6 次産業化への導入を想定した装置に対し、図 14 に示したようにヒラメ飼育の工業化を想定した装置の作成を行った。ポイントは、限られた空間の有効活用を考慮して、薄型水槽を積み重ねる構造となって

図 14　ヒラメ生産の工業化を想定した飼育装置

いる。ライトには、テープライトを採用し各水槽の底裏面に設置することで装置全体の軽量化・コンパクト化・省エネルギー化を図った。

2　今後の課題・展望

　作成したこれら装置は、校内で稼働させ、ヒラメ飼育に関する新たなデータの蓄積を試みるとともに、育てたヒラメを実際に販売しながら消費者の意見に耳を傾け、実用化に向けた改良を重ねる機会を設けたいと考えている。

　その他、今後は地域との連携を重視するために、たとえば日本最古の産地の1つとされる埼玉県入間郡毛呂山町産の桂木ゆずを用いたフルーツ魚の生産などと本装置を組み合わせた取り組みなどは興味深い（**図15**）。

　また現在、農業における水耕栽培と水産業における陸上養殖を掛け合わせた循環型の有機農法であるアクアポニックスをこの装置内に導入することを目指し、汽水を用いた室内での塩トマトの生産を行うための初期実験を始めている（**図16**）。

　さらに、飼育可能な魚種の拡大を行うために、ネズミゴチ *Repomucenus ourvicormis*、シロギス *Sillago japonica*、ギンポ *Pholis nebulosa* を用いて飼育実験を始めた（**図17**）。上記3種は、伝統的な江戸前天ぷらの食材として欠かせない。そこで三種の魚種を生産する技術を得ることで、特定の消費者をターゲットとした生産ルートが確立できるのではないかと考えている。

　また、装置の耐震化や管理の IT 化を進める研究も積極的に進めたい。

図15　フルーツ魚の生産　　図16　アクアポニックスの導入　　図17　魚種の拡大

光単一環境におけるマダイの色揚げ効果

1　目　的

　図18に示した天然マダイは、鮮やかな赤い体色と「メデタイ」との語呂合わせから需要が多く、養殖も各地養殖場で盛んに行われている。

　しかし図19に示した養殖マダイの体色は、褐色化することが多い。

　養殖マダイを天然マダイの体色に近づける「色揚げ」に関しては、さまざまな角度から研究されてきた。

　養殖のマダイが褐色化する原因としては、日焼け、鮮度の悪い餌を与えたこととされており、①遮光用の蓋の設置、②出荷前に天然のマダイの生息域まで移動させて発色を促す、③餌を発酵させることによりメラニンの生成を抑制する、④ゲノム編集による体色の固定などの対策が講じられてきた。しかし、いずれも決定的な解決には至っていない。

　また我々は、本実験を進めるにあたり、マダイの各個体の色調を数値的に比較するために、色分析用ソフト「色しらべ」を用いて、個体群の鼻部周辺、頭部、尾部つけ根付近の主要な色調を分析し、その結果を対象の図に示した。

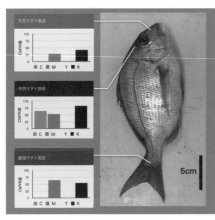

図18　天然のマダイ

図19　養殖マダイ

2　仮　説

　本校生物部では、養殖マダイの体色の褐色化の原因は「保護色発現の結果」であるとの仮説を立てた。

　たとえば光の届かない深海では、「生きている化石」と呼ばれているヌタウナギ科の魚類をはじめ多くの魚種の体色が白い傾向にある。

　そこで、マダイを暗黒下で飼育したところ、**図20**に示すように白身を帯びた個体へと成長した。これは、暗黒の世界では体色によって外

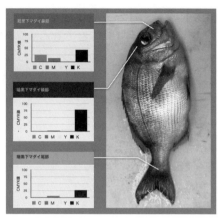

図20　暗黒下で飼育したマダイ

敵から身を守る必要がないことを意味している。そして、やや浅い緑色光や青色光の届く水深15mまでの水域では、魚の体色は赤くなる傾向にある。これは、青色と緑色光を吸収し体色を黒くすることで、保護色とするためである。では、なぜはじめから体色を黒色化しないのか。

　マダイの体表の赤色成分は主にアスタキサンチンで、甲殻類の摂取を通して体表面に蓄積する。それに対し、黒色成分はメラニンで、チロシンを前駆物質として生合成されたものである。二種の色素の成分を用いる場合、

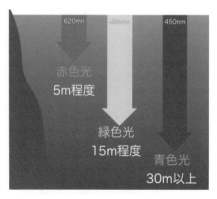

養殖個体

天然個体

図21　水深に伴う養殖個体と天然個体の体色の相違

赤色色素を選択した方が経済的である。深い水域に生息するマダイが、赤色を呈するのはそのためである。

　さて、浅い水域で観察される魚類の体色は黒いものが多く見受けられる。浅い水域では、白色光が差し込むため、体色をあらかじめ黒色化して自身の身を外敵から保護せざるを得なくなったのではないだろうか（**図21**）。

　上記仮説を検証するために、光単一環境を考案してマダイの体色の変化を観察した。

【実験Ⅰ】フィルタで飼育装置の周囲を覆ってのマダイ飼育

　　1つ目には、**図22**に示すような赤・青の各光が水槽内に届くように水槽の周囲を各色のフィルタで覆う装置を考案して飼育に取り組んだ。

図22　赤・青のフィルタで覆った装置

フィルタは、完全な単一光環境とすることはできないといったデメリットがある。しかし一方では設置が容易であること、管理上の経費がかからないなどのメリットもある。水槽は、自作のオーバーフロー水槽を用い、水温は25℃に調節した。給餌は、固形飼料を用いて一日1回、摂食行動が停止するまで与えた。

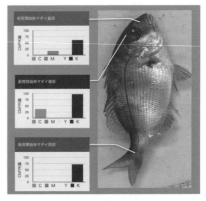

図23　マダイの稚魚

【実験Ⅰ】の結果と考察

　図23は、飼育開始時のマダイの稚魚である。この時点では、マゼンタおよびイエローの色素は見受けられない。図24および図25に示したマダイは、それぞれの環境のもとで15cm程度成長するまで、約半年間管理したものである。各水槽ごとの体色全体の色合いを観察すると、赤色環境下で管理した個体は、やや褐色化が進んでいることが確認できる。赤色環境下で管理した個体群は、その後全滅させてしまったが、養殖個体と同様に全体的に黒みを帯びた点が興味深い。

　次に、青色フィルタ条件下で飼育した個体群は、赤色フィルタ条件下で飼育した個体群と比較して、特に頭部から背部にかけての黒色

図24　赤色環境下で飼育したマダイ

図25　青色環境下で飼育したマダイ

図26　青色環境下で1年程度飼育を継続したマダイ

化が抑制できていることが確認できる。ただし、この時期における赤色系の発色は不鮮明である。青色フィルタ条件下で飼育した個体群については、1年程度の飼育が継続でき全長25 cm程度にまで成長させることができた。その体色は、天然個体に引けをとらない鮮明な赤色を呈した（**図26**）。

　本研究の成果は、陸上養殖の発展を想定しており、実現した場合には、たいへん鮮やかなこの色合いは祝いの席などで重宝な扱いを受けるものと思われる。

【実験II】LEDライトの照射によるマダイの飼育

　【実験I】の精度を高めるために、**図27**に示したような限られた波長の光を照射してマダイを飼育する環境を整えて実験を進めた。装置内は、太陽光を遮るために暗幕で覆った。その他の飼育条件や色調の測定方法などは、実験Iに準じた。

図27　単一の波長の光を照射する装置（1＝暗黒、2＝赤、3＝青色、4＝室内色）

【実験II】の結果と考察

　図28および**図29**に示したマダイは、それぞれの青色光照射下および赤色光照射下のもとで管理し、全長15 cm程度に成長したものである。

　水槽ごとの個体の体色全体の色合いは、単一光照射環境の方が明確な色調の差を生じると予想したが、この時点では光の効果を得るには至っていない。フィルタを使用した場合と同様に、今後も飼育を継続し結果を待ちたいところである。

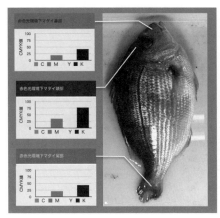

図28　赤色光環境下で飼育したマダイ

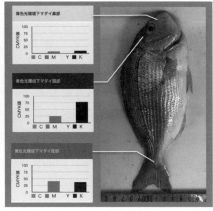

図29　青色環境下で飼育したマダイ

3　今後の課題、展望

　この研究の問題点は、反復実験の回数が少ない点である。今後は企業や研究施設との連携体制を確立することで上記問題を克服し、この傾向が有意なデータであることを証明したい。

　マダイについて、青色光照射下飼育条件において体表が赤みを帯び、赤色光照射条件において体表が黒みを帯びる傾向を確認できた。その他にも、天然マダイと養殖マダイを見分ける際に有効な体表に現れる青い斑点・鼻の穴の状態・ひれの突きの状況という三点においてもたいへん興味深い結果を得ているので**表1**にまとめた。

表1　体表に現れる青い斑点・鼻の穴の状態・ひれのつつきの状況

	体色	体表の青い斑点	ひれの状態	鼻の状態
天然個体	鮮赤色	あり	良好	結合なし
養殖個体	褐色	なし	突きの跡あり	結合
赤色フィルター	褐色	なし	良好	ない傾向
青色フィルター	鮮赤色	あり	良好	結合なし
単一赤色光	赤みが不鮮明	微量	突きの跡あり	ない傾向
単一青色光	赤みが不鮮明	微量	良好	結合なし
単一暗黒下	灰白色	なし	良好	ない傾向

まとめ

　ヒラメとマダイという需要が高い 2 種の養殖魚に対し、「光」という物理的な刺激のみを用いて成長促進効果や色揚げ効果を確認した私たちの研究は、化学的刺激に頼らないことから近年懸念されている「食の安全」を確保し、陸上養殖の問題点を解決できる革新的な取り組みである。また、ヒラメやマダイが光によって特殊な反応を示した本データは、生物学的に見ても非常に興味深い。

　この研究で確立した技術を普及することができたら、陸上養殖を発展させ、日本の水産業の発展に大きくつながると確信している。

〔謝　辞〕

　この研究を進めるにあたり、ご指導をいただいた近畿大学水産研究所・白浜実験場長 / 富山実験場長 家戸啓太郎教授、北里大学魚類分子内分泌学研究室 高橋明義教授、水澤寛太准教授、北海道大学北方生物圏フィールド科学センター 岸田治准教授および日本養殖振興会斉藤浩一代表理事に感謝いたします。

〔参考文献〕

1) 水産庁「陸上養殖の推進に際しての今後の方向性（論点整理）」, https://www.jfa.maff.go.jp/j/saibai/yousyoku/arikata/pdf/4-3-2docu.pdf, （2020/8/30 アクセス）
2) 家戸啓太郎「ゲノム編集による養殖魚の品種改良-筋肉増強マダイの作出-」『生物工学』第 97 巻、第 1 号、P42-45（2019）
3) 高橋良明・山野目健・「光環境と魚類生理　マツカワの無眼側黒化から成長促進へ」『比較内分泌学』vol、35、no.133、P93-68（2009）
4) 熊井英永「新装版　海産魚の養殖」（文昇堂）P114（2000）
5) 株式会社プレスカ https://www.kaiyodai.ac.jp/topics/img/6294e569c0aa341e05c072ab81ac0892.pdf,（2020/8/31 アクセス）

●
優秀賞論文

受賞のコメント

受賞者のコメント

水産業で世界を救いたい

●浦和実業学園高等学校

生物部　2年　大瀧　颯祐

　私は、小さい頃から生き物が好きで、中学生になってからさまざまな研究を行ってきた。そのような中で、先輩から後輩へと引き継いできた水産に関する研究を担当し、3年間研究に取り組んだ。その成果が本研究である。生き物を扱うので、平日休日ともに毎日餌やり、掃除などを行ってきた。その努力の成果が認められたと考えると、とても嬉しく思う。また、自分だけでは本研究は成立しない。自分が活動できない日に魚たちの世話をしてくれた顧問の橋本先生と、生物部の部員たちに心からの感謝を送る。私の夢は、「水産業で世界を救いたい」というものである。本賞の受賞は、私の夢の実現を後押ししてくれた。これからも、夢に向けて研究を続けていく。

指導教諭のコメント

養殖を楽しみたいという生徒たちの思いからスタート

●浦和実業学園高等学校　生物部顧問　橋本　悟

　本研究は、「家庭園芸を楽しむように魚の養殖を楽しみたいという」生徒たちの思いから始まった。初期段階では、NPO法人日本養殖振興会より指導を受け、ヒラメやクエの飼育成功し、試食ができる段階にまでに至った。その後の活動は、限られた環境で効率よく魚を飼育する研究へと移行していった。研究を進めるにあたっては、近畿大学・北里大学・東京海洋大学・北海道大学・株式会社リバネス・株式会社プレスカ・THK株式会社など多方面からの協力を得られたことに心から感謝したい。また、この度の神奈川大学全国高校生理科・科学論文大賞への発表では、優秀賞という高評価をいただき、大変嬉しく思う。今回の受賞を糧として、浦和実業学園生物部をより一層発展させていきたい。

●
優秀賞論文

未来の科学者へ

新たな視点での実験は高く評価できる

　魚類養殖の現場において、緑色光を照射して生産性を高めることは既に実用化されている。山口県下松市では「笠戸ひらめ」のブランドで緑色光を照射して成長を促進したヒラメを販売している。この点については本論文に新規性はない。しかし、新たな視点で緑色光照射の実験を行い、ヒラメの成長を促進している点が高く評価できる。具体的には、緑色光の短時間照射である。本論文では、わずか10分間の緑色光の照射でヒラメの成長を促進できることを示した。実際の養殖現場では、緑色光を連続して照射しながら魚を飼育している。緑色光の短時間照射を応用できるようになれば、緑色光を照射するための特殊な照明装置の寿命を大幅に伸ばすことができるとともに、通常の室内照明の下で給餌や水槽の掃除などができるようになることから作業効率も上昇すると思われる。

　本論文は科学論文としての体裁が整っており、各パートもよく書けていることから、高校生が執筆した論文として非常に優れたものである。残念な点は、実験で得られた結果を客観的に評価するために必要な統計学的な解析が行われていない。統計学的な手法は高校生が扱うにはやや高度であると思えるが、統計学的な手法を正確に理解し、自らのデータに生かすことができれば、科学的にも有効なより興味深い研究に発展すると思われる。

　最後に、本論文は科学論文としてのレベルが高いにもかかわらず、高校2年生の大瀧颯祐さんが一人で論文を執筆している。応募される多くの論文が複数名の高校生がチームとして取り組んでいることを考えると驚くべきことである。大瀧颯祐さんが授業の合間を縫って一人で研究を遂行し、論文を執筆したことに敬意を払いたい。今後、専門的な知識を学び、経験を積んで、科学の専門家を目指して欲しいものである。

（神奈川大学理学部　教授　大平　剛）

●
優秀賞論文

プラズマの正体を確かめる
手作り簡易分光器
（原題）自作の高い分解能をもつ簡易分光器による
電子レンジプラズマの分光

兵庫県立姫路東高等学校　科学部　プラズマ班
３年　赤瀬 彩香　高瀬 健斗
２年　岩本 澪治　奥見 啓史　内藤 麻結　藤本 大夢　安原 倭　山本 夏希

研究の動機と目的

1　輝線に対しての疑問

　私たちは、2019年8月に京都大学で開催された「ひらめき☆ときめきサイエンス」に参加した。「ひらめき☆ときめきサイエンス」とは、大学や研究機関で「科研費」（KAKENHI）により行われている最先端の研究成果に、小学5～6年生、中学生、高校生が、直に見る、聞く、触れることで科学のおもしろさを感じてもらうプログラムである。

　私たちはここで、電子レンジ内で500Wで加熱したシャープペンシルの芯が発光し、プラズマを生じさせる実験に参加した。このプラズマを簡易型の分光器で分光すると、ナトリウムのD線付近に強い輝線がみられ、他に目立った輝線はみられなかった[1]。この簡易型分光器はD線を2本に分離することができない分解能のものであった。なぜシャープペンシルの芯から強いナトリウムの輝線があらわれるのか、この輝線は本当にD線なのか疑問に思った。

　私たちはこれらの疑問を明らかにしたいと考えたが、D 線を 2 本に分離できるような市販の分光器は、数万円と高額なために高校生には入手することができない。そこで、D1 線と D2 線を分離することができる高い分解能をもつ簡易分光器を工夫して自分たちで作り、これを用いて電子レンジプラズマを観察して、そのプラズマ発光の原理に迫ろうと考えた。

2　電子レンジ内で再現し考察する

　H.Khattak らは、米国科学アカデミー紀要（PNAS）に、ブドウの実を 2 つ並べて電子レンジ内で加熱すると、交点に共振が集中して、そこからカリウムとナトリウムのプラズマが発生することを示した[2]（**図 1**）。

　ブドウからプラズマが発生するメカニズムを、中が液状の球状のものを 2 つ接触させて電磁場に置くと、交点に共振が集中し、そこからプラズマが放出されると説明している。このように、ブドウプラズマの発生原因は水の存在であると結論づけ、ついに電子レンジプラズマのメカニズムを解明したとしているが、シャープペンシルの芯に水は含まれておらず、彼らの説明ではシャープペンシルの芯を入れた電子レンジ内でプラズマが生じるメカニズムを説明することはできない。

　また、ブドウの成分のうちカリウムは 7.8 % ともっとも多いが、ナトリウムは 0.04% 程度を占めるにすぎないにもかかわらず、強いナトリウムの輝線が観察される原因についても明らかにしていない。自然界には、雷や恒星の発光、地球大気上層部の電離圏、オーロラなど、プラズマが普遍的に見られるが、それを電子レンジ内で再現し考察するような指向性エネルギーの研究は先行研究がほとんど見られない。このような研究は、高密度レーザーパルスなどのエネルギーシステムや、試料をプラズマ化して薄膜を作り、さらに微細加工するなど工業的視点においても基礎研究として高い価値があるとされている。

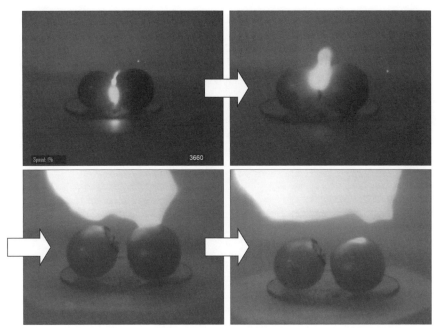

図1　ブドウのプラズマ[2]

高分解能をもつ分光器の作成とD線の観察

　私たちは、教科書をはじめとするさまざまな資料[3)4)5]を参考にして、簡単に自作できる簡易分光器を作成してみたが、D1線とD2線を分離できる分解能がない、観察する角度の設定が難しいなどの理由で、電子レンジ内で発生するプラズマを分光する道具として用いることはできなかった。そこ

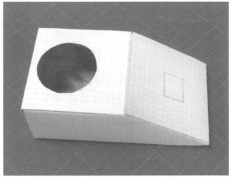

図2　製作した簡易分光器

で、改良型の簡易分光器を作成することにした。分光の性能を確認する方法として、低圧ナトリウムランプ光の分光を行った。用いたナトリウムランプは、島津製作所製のスペクトロランプ（100V／60Hz）である。私たちが作成した簡易分光器の写真（**図2**）と型紙（**図3**）を示す。

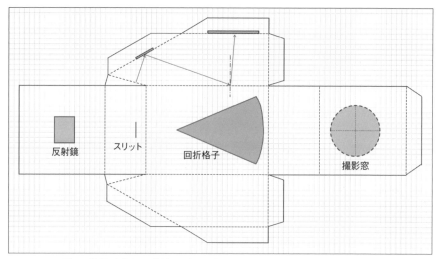

図3　簡易分光器の設計図（1目盛りは5mm）（破線はすべて山折り）

簡易分光器の開発では、回折格子、反射鏡、スリット幅をさまざまに試した。その結果、カメラ撮影が困難であった従来型のものよりも安定した撮影ができ、ナトリウムランプの2本のD線もクリアに分光・撮影が可能になった。この分光器で得られた輝線

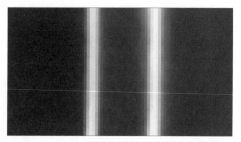

図4　分光器で得られた輝線

（**図4**）がD1線とD2線であることを確認するために、アメリカ国立衛生研究所がインターネット上で無料公開している画像解析ソフト「Image J[6]」を用いて、スペクトルの波長を求めた。デジタルカメラで撮影した写真をJPEG形式で保存し、Ctrl＋kを押すと、横軸が画像横方向のピクセル、縦

軸がそれぞれのピクセルの輝度の相対値を示すスペクトルチャートが表示される。この数値データを Excel 上にコピーし、白色蛍光灯のスペクトルで観測される水銀の輝度を用いて校正すると、これは 2 本に分光されたナトリウムの D 線であることが実証された。以下に、完成までに試行した各部の説明をする。

1　回折格子

　回折格子として、身近にある CD-R や DVD-R、BR（ブルーレイ）ディスクの、いずれも単層のものを用いて分光器を作成し、比較観察した（**図5**）。溝の間隔が狭いほど分散度が大きくなり、分解能は向上するはずである。透過型のもので、これだけの性能をもつ材料は他に入手困難であった。
　CD-R は D 線を 2 本に分光することができなかった。DVD-R は、観察する角度を細かく調整すると複数の輝線に分離することができた。BR は、暗くて 2 本の輝線に分離できているのかどうかを確認することができなかった。BR は、観察に用いたナトリウムランプでは暗すぎて実用的・汎用的ではない。そこで、DVD-R の盤面を用いることにした。

図5　CD-R（左）、単層 DVD-R（中央）、単層 BR（右）を使った分光実験の結果

　DVD-R で繰り返し観察すると、観測のたびに D1 線と D2 線の太さが異なって観察された。また、2 本の輝線がぼやけて見えた（**図6**）。DVD-Rは記録層と保護層からなっている（**図7**）。保護層に分光の能力はないので、記録層のみにして、表面の塗料をメチルアルコールで洗浄して（**図8**）アルミの蒸着面を露出させて分光器に使用すると、分離する前よりも明瞭な 2 本の輝線が得られた（**図9**）。

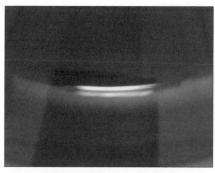

図6　保護面に輝線が映り込んで輪郭がぼやけたり（左）反射して余計な輝線が見える（右）

図7　DVD-R は記録面と保護面からなる　　図8　DVD-R の記録面をメタノールで洗浄する

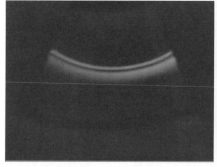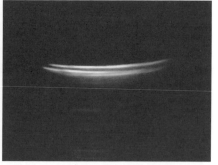

図9　記録面をメタノールで洗浄すると、洗浄前（左）よりも輝線が見える可能性が高まる（右）

2　反射鏡

　　通常のガラス製の鏡を用いても D 線を分離することはできるが、スリットからの入射光がうまく DVD-R 面に反射できない。ガラス製の鏡には、

表面に保護膜が貼ってあることが
原因だと考えた。保護膜が貼られ
ていない表面反射型の塩ビ製の鏡
を用いると、観察が容易になった
（図10）。

図10　塩ビ製の鏡を用いて分光する

3　その他の条件

　分光器の中の色は、観察しやすいかどうかに影響するだけで、D線の分
離に影響しない。実際に箱の中を白くしても黒くしても影響はなかった。

　分解能は、（回折格子までの距離）／（スリット幅）に比例するとされて
いるので、製作した分光器のように回折格子までの距離が一定であれば、
スリット幅は狭いほど分解能があがることになる。しかし、スリット幅を
小さくしていくと、分解能は回折格子の溝の数に依存するようになるため、
スリットの幅はあまり意味をなさない。細すぎると入光量が少なく分光が
弱くなり、観察には適さない。

4　デジタルカメラを用いた撮影方法

　分光の可能性がもっとも高い回折格子であるDVD-Rの記録面をメタノ
ール処理し、塩ビの鏡で反射させた改良型の分光器のD線の分光を、デジ
タルカメラで撮影する方法を考えた。回折格子や反射鏡の工夫以上に難題
なのが、デジタルカメラの装着方法である。分離されたD線の輝線は、観
察する角度がわずかに変わるだけで見えなくなる。2本のD線の輝線を安
定的にデジタルカメラで撮影するためには、分光器とカメラをどのような
位置関係で固定するかを確定させなければならない。さらに、デジタルカ
メラの種類によって焦点距離が異なるため、回折格子とレンズの距離を調
節しなければならない。

　そこで、2本のD線が分離してもっとも明瞭に観察できるように、観察
窓の高さを調節した。次に、観察窓の中心が光軸になるようにして、観察
窓をデジタルカメラのレンズの先端がはまるように円形にくりぬいて、分
光器とデジタルカメラを固定し、これを三脚でナトリウムランプの前に固

定する（**図11**）と、安定的に輝線の画像を撮影することができる（**図12**）。デジタルカメラの種類が異なれば、この光軸を中心とした円形の観察窓の大きさを変えればよい。

図11 撮影方法（周囲は白いままにしてある）

　私たちは、パナソニック社製の LUMIX（DMC-FZ300）と、カシオ社製の EXILIM（EX-FC150）を使って撮影を行った。いずれの場合も、撮影はオート機能を解除してマニュアルフォーカス撮影に切り替えるだけである。測光モードや ISO 感度、回折補正などを操作しても撮影に影響はない。デジタルカメラのレンズの表面には反射光を減らして透過光をふやすために薄膜がコーティングされているが、撮影に影響はない。

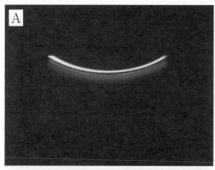

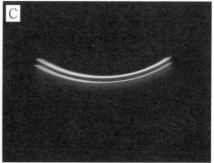

図12 改良型簡易分光器で分光したD線
　（A）観察の角度が少しでも変わると2本のD線の分離が難しくなる。
　（B・C）角度が固定できると、安定して2本のD線の撮影が可能になる
　（B）LUMIX で撮影したD線
　（C）EXILIM で撮影したD線

電子レンジプラズマの実験と結果

1　シャープペンシルの芯を用いた加熱実験

　陶器の皿の上に陶器の箸置きを置き、その上にシャープペンシルの高分子焼成芯を置く。耐熱ガラスのコップをかぶせて電子レンジ（100V ／定格消費電力 1100W ／定格高周波出力 700W）内に入れ、500W で加熱を始めると、数秒で芯からプラズマが発生する（**図 13**）。電磁波が漏れることを防ぐため、電子レンジの扉のメッシュを残したまま撮影した。発生後の芯の両端は尖り、細く短くなっている（**図 14**）。芯の表面は、白い粉末のようなものが付着している。

図 13　電子レンジ内でシャープペンシルの芯の両端から周期的にプラズマが発生し、ガラスのコップ内上方で一体となる様子

　発生したプラズマを製作した分光器で分光し、画像解析ソフト「Image J」を用いて、得られた輝線のスペクトルの波長を求めた。その結果、これは2本に分光されたナトリウムのD線であることを確認することができた（**図15**）。

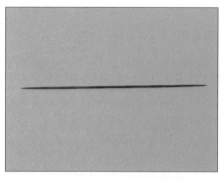

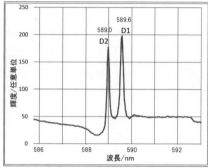

図14　プラズマを発した後の芯の両端は尖っている　　図15　分光器で得られた輝線の波長分析

2　プラズマが生じる芯の長さ、太さ、濃さ

　長さ80 mmのシャープペンシルの高分子焼成芯を5 mmずつ短くして電子レンジ内で加熱（500W ／ 700W）し、プラズマが生じるかどうかを調べた（**表1**）。また、シャープペンシルの芯の太さや濃さ（硬さ）によっても、プラズマの発生のようすが異なるのかどうかを調べた。条件を変えて実験をそれぞれ5回ずつ繰り返した。プラズマは芯の長さが60 mmの際にのみ発生し、芯の濃さや太さには関係しない。

表1　出力、シャープペンシルの芯の長さや太さ、濃さとプラズマの発生の有無の関係

芯の長さ（mm）		80		75		70		65		60		55	
芯の太さ（mm）		0.5	0.3	0.5	0.3	0.5	0.3	0.5	0.3	0.5	0.3	0.5	0.3
芯の濃さ		HB	2B	HB	2B	HB	2B	HB	2B	HB	2B	HB	2B
出力	500	×	×	×	×	×	×	×	×	○	○	×	×
(W)	700	×	×	×	×	×	×	×	×	○	○	×	×

芯の長さ（mm）		50		45		40		35		30		25	
芯の太さ（mm）		0.5	0.3	0.5	0.3	0.5	0.3	0.5	0.3	0.5	0.3	0.5	0.3
芯の濃さ		HB	2B	HB	2B	HB	2B	HB	2B	HB	2B	HB	2B
出力	500	×	×	×	×	×	×	×	×	×	×	×	×
(W)	700	×	×	×	×	×	×	×	×	×	×	×	×

3　シャープペンシルの芯以外の物質を用いた実験

　シャープペンシルの芯以外でも同様のプラズマが発生するのかどうかを確かめるため、縫い針や銅線でも同様の実験を行った。その結果、長さが60 mm であれば、縫い針でも銅線でも、シャープペンシルの芯と同様にナトリウムの輝線をもつプラズマが発生した（**図16**）。

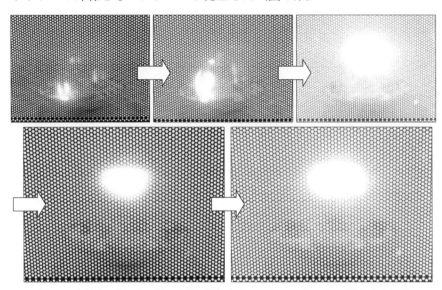

図16　素焼きの板の上に置いた縫い針からナトリウムのプラズマが発生する様子

4　芯や縫い針、銅線を支持する台を変えてみる

　プラズマを発生させた後の箸置きを観察すると、芯や縫い針、銅線に沿って白濁し、一部は欠けるなど破損していた（**図17**）。私たちは、当初、シャープペンシルの芯がプラズマを発している思い込んでいたが、成分の異なる芯や縫い針、銅線でも同じナトリウムのプラズマが発生することか

図17　素焼きの箸置きが白濁した様子

　ら、もしかすると箸置きの成分がプラズマ発生の原因になっているのではないかと考えるようになった。その考えを確かめるために、支持台を素焼きの箸置きから耐熱ガラスに置き換えて実験を行った。

　その結果、シャープペンシルの芯でも縫い針でも銅線でも、プラズマは発生しなかった（**図 18**）。

図 18　耐熱ガラスにシャープペンシルの芯を置いてプラズマを発生させる実験（左）とその結果（右）

考　察

1　高分解能をもつ分光器の作成方法

　D1 線の波長λは 589.6 nm、D2 線は 589.0 nm であるため、分光するためには 589.3 nm の分解能があればよい。分解能は $\lambda / \Delta\lambda = 589.3 / 0.6 ≒ 1000$ となる。回折格子の本数（線密度）が 1 mm あたり 1000 本あればよいことになる。記録用単層 DVD-R の規格は 1350 本／ mm とされているため、市販されている多くの分光器（600 ～ 1000 本／ mm）よりも、単層 DVD-R ディスクが有効であると考えられる。CD-R が分光できなかったのは、線密度が 625 本／ mm で、D1 線と D2 線を分離することができなかったと考えられる。ブルーレイディスクは、線密度が DVD-R の約 3 倍で、通常のナトリウム管の明るさでは暗すぎるので、簡易分光器としては汎用性に欠けると結論づけた。簡易型分光器には単層の DVD-R が適している。

スリット幅を 1 mm にし、塩ビ製の鏡で反射させた入射光をメタノール処理して皮膜を落とした DVD-R の記録面で回折させると、明瞭な 2 本の D 線に分離することができる。デジタルカメラのレンズを簡易分光器にはめこみ、三脚で固定して撮影する。このように、身近にあるディスクを用いて性能のよい分光器を自作することができた。

2　電子レンジプラズマの実験

　電子レンジの波長は 0.122 m と決められている。どのような濃さのシャープペンシルの芯や縫い針、銅線であっても、長さが電子レンジのほぼ半波長の長さ 60 mm の導体であれば、プラズマが発生する。分光によって得られた輝線は、いずれもナトリウムのプラズマであることを示している。シャープペンシルの芯は、鉛筆の芯と同じように炭素と粘土を練り合わせて 1000 ℃前後で焼いた粘土芯と、炭素を固めるためにプラスチックなどの高分子有機化合物を使い、1000 ℃前後で焼成するポリマー芯がある。本実験はポリマー芯を用いたが、高分子有機化合物は焼成の過程でほぼ完全に炭素となるため、芯はほぼ純粋な炭素のかたまりである。また、成分がまったく異なる縫い針や銅線でもナトリウムのプラズマが発生している。

　当初は芯がプラズマを発していると思い込んでいたが、箸置きの上に置いた針状の物体がナトリウムのプラズマを発しているとは考えられないため、陶器の支持台がプラズマを発しているのではないかと考えるにいたった。ナトリウムは、支持台として用いた箸置きに含まれる成分のうち、第 1 イオン化エネルギーが 495.8 kJ/mol[7] ともっとも小さい元素である。60 mm の針状の物質の成分によらず、これらがアンテナとなって箸置きのナトリウムが励起され、プラズマとなって発光したのではないかと考えられる。

　H.Khattak らの、ブドウの実を 2 つ並べて電子レンジ内で加熱し、プラズマを発生させる実験[2] では、カリウムとナトリウムのプラズマが発生するとされている。彼らはブドウがプラズマを発生させる原因は、水の存在による電磁波の波長の短縮であると結論づけているが、私たちが示したようにシャープペンシルや縫い針、銅線の場合には水が存在しなくても電子

レンジ内でプラズマは発生する。

今後の課題

　本研究は、京都大学で体験したプラズマの観察から得た疑問について、私たち自身が仮説を設定し、専門研究者の助言を得ながら、独自の視点で教科書の内容を発展的に扱ったものである。電子レンジ内で発生したプラズマが本当にナトリウムによるものなのかどうかについて、さまざまな意見があると思うが、私たちは観察結果に基づいて考察を行った。電子レンジのエネルギーがどのようにして箸置きのナトリウムを励起したのかについて、今後さらに検討が必要である。

〔謝　辞〕

　本研究を行うにあたって、京都大学情報学研究科の宮崎修次先生には電子レンジプラズマについての詳細な検討をしていただいた。またLLP京都虹工房の小林仁美氏や本校科学部顧問の川勝和哉先生と藤田真央先生からは、多くの助言をいただいた。ここに記して謝意を表したい。

〔参考文献〕

1）Y.Ueno, R.Yasufuku and S.Miyazaki「Spectroscopy of plasma induced by a kitchen microwave」, ELCAS Journal, p.102 (2018・3).
2）H.Khattak, P.Bianucci and A.Slepkov「Linking plasma formation in grapes to microwave resonances of aqueous dimmers」, PNAS, 116, 10, pp.4000-4005 (2019).
3）植松恒夫・酒井啓司・下田正編「高等学校物理改定版」, 啓林館, p.210 (2017).
4）若林文高「DVD分光器の回折条件」, 国立科学博物館理工学研究部紀要, pp.21-30 (2005).

5）若林文高「光を分ける―簡易分光器とそれを使った実験―スペクトルの科学的意義とDVD分光器による観察・解析法−」，化学と教育，第65巻2号，pp.76-79（2017）．

6）https://imagej.nih.gov.ij/

7）D.F. シュライバー・P.W. アトキンス「無機化学（上）　第3版」，東京化学同人，p.2001．

Appendix

①私たちが作製した分光器の
回折格子方程式を考える。
光路差 = AC − BD であ
る。入射角を α、回折光と
回折格子法線とのなす角
（回折角）を β とすると、
このような反射型では、sin
α − sin β = N m λ となる

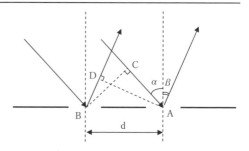

（N：1 mm あたりの溝の本数、m：回折次数、λ：波長 nm）。この分光
器の場合、N は DVD の規格 1350 本／ mm、ナトリウムランプの波長は
約 589 nm であるから、m = 1 のとき sin β = sin70° − 1350 × 589 × 10
− 6 = 0.1446 で、β = 8°〜9° の回折光が得られることを示している。

②光の波長を λ、光の伝播速度を v、振動数を f とすると、λ = v／f で示
される。光の伝播速度は、大気中でも真空中と同様に 299792458 m/s で
近似できる。日本の電子レンジの振動数の規格は 2.45 GHz であるため、
λ = 299792458／(2.45 × 10⁹) ≒ 0.122 m となり、シャープペンシルの芯
の長さ 60 mm はこれのほぼ半波長の長さになる。

③電子レンジ内のナトリウムの輝線については、LLP 京都虹工房の小林仁
美氏の協力を得て、恒星の光を分光することができるような高性能の分
光器を用いて分光したところ、ナトリウムの波長の強い輝線であること
が示された。

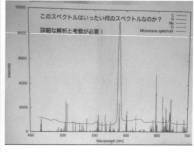

●
優秀賞論文

受賞のコメント

受賞者のコメント

仮説演繹法を身をもって体験した

●兵庫県立姫路東高等学校

科学部プラズマ班　2年　岩本　澪治

　私たちは昨年度、京都大学で開催された「ひらめき☆ときめきサイエンス」に参加し、身近な物理現象について多くの話を聞くことができた。その中でも特に、電子レンジ内でプラズマが発生する原理が解明されていないことに強い興味をもち研究することにした。実験を始める前には「きっとこうだろう」という思い込みがあったが、実験を繰り返すうちに、それでは説明がつかない結果が出るようになった。思い切って発想を180度転換すると、結果のすべてに説明がつくようになった。

　顧問の川勝和哉先生の有意義な助言もあり、それまでは言葉でしか知らなかった仮説演繹法を実際の実験で学ぶことができて興奮した。

指導教諭のコメント

わずかな疑問を見逃さずに形にした

●兵庫県立姫路東高等学校　科学部顧問　主幹教諭　川勝　和哉

　昨年度から研究活動を始めたばかりの科学部は、コロナ禍によって3月〜5月の活動ができなかったが、それでも本大賞への挑戦を視野に6月以降精力的に活動を行った。短期間での研究だったが、制約があったからだろうか、緻密なスケジューリングに基づいて、昨年度以上に高い集中力と内容の濃い議論が行われた。当然と考えていた視点の180度の転換もあり、生徒の歓声が教室に響く場面も多かった。一般市民向けの科学教室に参加した生徒がふと感じた疑問を見逃さずに、科学的に取り上げることができたこと、そして昨年度のクモの糸の研究に続いて2年連続で優秀賞に選ばれたことは、本校科学部の生徒の研究力の高さを示している。あっぱれである。

未来の科学者へ

疑問解明に対する強い意欲がこの成果をだした

　本論文は下記の３点で非常に優れており、試料のプラズマ化など応用範囲の広い論文である。この分野に関する深い知識と身近なモノを活用する眼識、そして疑問解明に対する強い意欲がなければ得がたい成果である。

①測定装置（高分解能な分光器）の工夫を凝らした自作

　ナトリウム輝線はＤ線と呼ばれる二重線がある。簡易型分光器による測定では２本に分離できないが、筆者らは回折格子、反射鏡、スリット幅等に改善を加え、市販 DVD-R ディスクの細かな溝を光の回折に利用して観測した。その結果、見事に明瞭な２本のＤ線に分離できており、身近な素材を創意工夫して高分解能な分光器を製作した点が素晴らしい。

②電子レンジ内でのプラズマ発生実験

　プラズマを発生させる実験では、シャーペンの芯や針、銅線等の導体に対して長さや太さを変えて多種多様に実施している。結果はどの導体でも長さが約 60 mm であれば、ナトリウム輝線をもつプラズマが発生することを突き止めた。さまざまな条件下で丹念に実験を行ったため説得力のある結果を得ており、実験遂行に対する不断の努力が認められる。

③ナトリウムプラズマの発生原因に対する考察

　シャーペンの芯はほぼ炭素であり、針や銅線もナトリウムは含まれていない。それなのに、なぜ芯からナトリウムのプラズマが発生するのか？この疑問に対し、筆者らは芯を置いた支持台に着目した。素焼きの陶器と耐熱ガラスの支持台で違いを観察し、陶器に含まれるナトリウム成分の関与を指摘した考察は評価に値する。また先行研究では電子レンジ内のプラズマ発生には水が必要との結論だが、本論文では水が存在しなくてもプラズマが発生することを明らかにしたのは意義があるといえる。

（神奈川大学工学部　准教授　平岡　隆晴）

●
優秀賞論文

コミヤマスミレはなぜミヤマスミレ節に分類されているのか?
(原題) コミヤマスミレの謎を追う

兵庫県立小野高等学校　スミレ班
３年　亀田 友弥　福本 愛奏音　穂積 芳季　田中 朝陽
２年　山口夏巳
１年　池邉 智也　西村 悠生

●

研究の目的

　日本においてスミレ属は市街地や里山、山地、高山帯などいたる場所に分布し、身近な植物の１つとして知られている。スミレ属の分類は柱頭の形状、有茎種か無茎種かなどの形態的特徴から 13 節に分類されている。日本には約 58 種、私たちの学校がある兵庫県小野市内でも 10 種以上のスミレが生育している。また、種間で形態が非常に類似しており、種の分類が非常に難しい属の１つである。

　コミヤマスミレ（*Viola maximowicziana*）は非常に暗い場所に生育している。小柄なスミレ類の１つで、山間部に生え、小さな白い花をつける。無茎種で、柱頭が虫頭形であるという特徴からミヤマスミレ節（sect. *Patellares*）に分類されている。しかし、コミヤマスミレは葉質が大変薄く多毛で、葉に独特の模様をもつことが多く、北播磨地方に生育するスミレの中では顕著に他種と異なった形態をもっている。

　以上のことから、私たちはコミヤマスミレに興味をもち、他のミヤマス

ミレ節のスミレとさまざまな点で著しく異なることから、コミヤマスミレがなぜミヤマスミレ節に分類されているのかと疑問を感じた。そこでコミヤマスミレの分類を確認するために、①葉緑体 DNA の *matK* 領域と *trnL–F* 領域を用いてコミヤマスミレの分子系統解析を行う。②柱頭の形状を観察し、栽培して形態を観察する。③野生絶滅種であるオリヅルスミレ（*V.stoloniflora*）の形態がコミヤマスミレによく似ているという文献[6]を見つけたので、植物園の協力を得て、オリヅルスミレについても分子系統解析を行い、コミヤマスミレと本当に近縁であるか、類縁関係を明らかにすることとした。

研究の進め方

1　サンプル採集と分布調査、栽培

　個体群の中から成熟した個体のもっとも大きな成葉を1枚、数個体から採集した。採集地では GPS を用いて経度緯度を記録し、そのデータをもとに QGIS（GNU Image Manipulation Program）で分布地図を作成した。また、予備実験でコミヤマスミレと近縁であると予測されたツクシスミレ（*V.diffusa*）について生育地の照度を測定した。オリヅルスミレなどの希少種のスミレについては、葉を植物園等から提供してもらいサンプルとした。

2　分子系統解析

　解析に用いたサンプルの採集地を図1に示す。これらには私たちが採集したものだけでなく、過去5年間に先輩たちやさまざまな愛好者、研究者から提供を受けたものが含まれている。また、先述したように植物園等から提供していただいた種についても実験に用いた。

　DNA はサンプルの葉から5mm 角の切片を切り取り、独自に改良した CTAB 法で抽出した。ちなみに CTAB 法は、現在もっとも一般的に用いられている DNA を単離する方法である。

　抽出した DNA から PCR 法を用いて葉緑体 DNA の *matK* 領域および

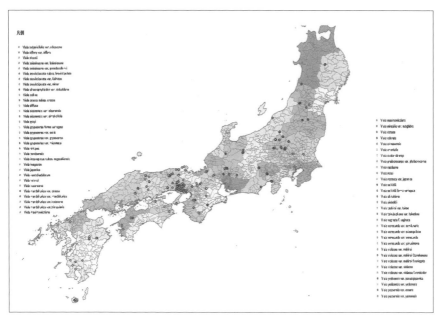

図1　サンプルの採取場所

trnL-F 領域を増幅した。泳動して確認後、増幅された DNA を精製して、国立大学法人兵庫教育大学でナノ分光光度計を使って DNA 濃度を測定し、DNA 濃度を調整後、DNA シーケンスの受託サービス会社 macrogen-Japan にシーケンス解析を依頼した。

　PCR 法で用いた酵素、プライマー、PCR 条件を**表 1** に示す。なお *matK* 領域のプライマーについては本校スミレ班の先輩方がプライマー 3 を用いて設計したものである。

　シーケンスデータはフリーソフト MEGA X を用いて最尤法（さいゆうほう）により解析し、分子系統樹を作成した。

　なお、まず最初に予備実験 1 として *matK* 領域で、小野高校の校区である北播磨地方に産するスミレを用いて分子系統解析を行い、その結果を踏まえ、コミヤマスミレの近縁種ではないかと推定されたツクシスミレを含めて予備実験 2 を行った。

　本実験ではこれらの予備実験の結果から、コミヤマスミレ、ツクシスミ

レ、マルバスミレ（*V.keiskei*）について、入手できたサンプルすべてを用いて分子系統解析を行い、系統樹を作成した。

3　スミレの栽培と観察

表 1　PCR 条件とプライマー（上：*matK* 領域、下：*trnL-F* 領域）

酵素：ExTaq（TAKARA）

    f 5' - AAATACCAAACCCGCCCCTT -3'

    r 5' - GGGGGATTGCAGTCATTGTAGA -3'

PCR 条件

    94℃　1 min　1cycle

    94℃　30sec　55℃　20sec　72℃　80sec　35cycles

    94℃　5 min　1cycle

プライマー　　　　　　　酵素：ExTaq（TAKARA）

    f 5' - GGAAGTAAAAGTCGTAACAAGG -3'

    r 5' - TCCTCCGCTTATTGATATGC　　-3'

PCR 条件

    98℃　2 min　1cycle

    98℃　10sec　60℃　15sec　68℃　30sec　35cycles

    68℃　10 min　1cycle　　　　　　hold 4℃

　コミヤマスミレは兵庫県市川町の個体群から、ツクシスミレは鹿児島市の個体群から個体を採集、北播磨に生育するミヤマスミレ節のスミレも個体を採集し、栽培、花期、果実期の形態の変化、特徴を観察、記録した。花期には柱頭の形態を実体顕微鏡で撮影、スケッチをし、柱頭の形態で浜（1975）が分類したように明確な差があるのか観察した。

観察の結果

1　分布調査、栽培結果

　北播磨ではコミヤマスミレは限られた場所でしか見つかっていない。そこでネットなどの情報を元に他府県でも採集を行った。生育地は大変暗い場所に限られ（**表2**）、他府県でもあまり生育地は多くないように思われた。現在、コミヤマスミレの分布場所と照度や地層、その他の要因が関係しているのではないかと予想しQGISを用いて解析中である。

表2　ツクシスミレとコミヤマスミレの生育地での照度

ツクシスミレ（鹿児島市城山）　　　　単位［ルクス］

	近くの開けた場所(a)	生育場所(b)	(a)/(b)
照度計Ⅰ	10720	3373	3.18
	14530	3085	4.71
	14980	2941	5.09
照度計Ⅱ	20120	3530	5.7
	18290	4660	3.92
	17540	5900	2.97
備考 生育場所の木々	イヌビワ、コジイ、バリバリノキ、アオキ、ヤブツバキ、サカキなど		

コミヤマスミレ（鹿児島市城山）　　　　単位［ルクス］

	近くの開けた場所(a)	生育場所(b)	(a)/(b)
照度計Ⅰ	31290	980	31.93
	26430	695	38.03
	30430	195	156.05
照度計Ⅱ	14000	710	19.72
	30000	700	42.36
	41000	310	132.26
備考 生育場所の木々	スギ植林、ヒノキ植林、アラカシ、ヤブムラサキ、チャノキなど		

2　分子系統解析

　*matK*領域で行った予備実験1の結果を**図2**に示す。予備実験1の結果、*matK*領域ではミヤマスミレ節のスミレと異なり、シコクスミレ（*V. shikokiana*）と同じクレードにまとまった。また、興味深いことにマルバスミレがコミヤマスミレと同じクレードとなった。

　その結果を参考にコミヤマスミレはツクシスミレと近い場所に枝分かれするのではないかと推定、予備実験2（**図3**）を行った。結果は私たちの予想どおり、コミヤマスミレはツクシスミレと同じ場所にまとまっていた。

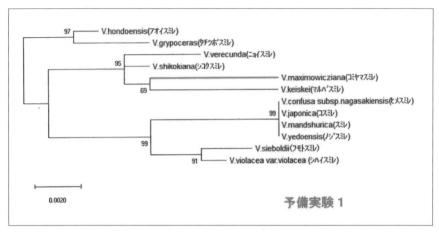

図2　予備実験1　北播磨に分布するスミレの系統樹

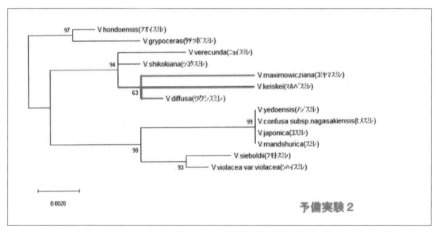

図3　予備実験2　ツクシスミレを加える

　本実験である *matK* 領域の分子系統樹を**図4**、*trnL-F* 領域の分子系統樹を**図5**に示す。これらの分子系統樹では、ほとんどのスミレ種が過去の文献に記載されている節ごとにクレードを形成した。しかし、ミヤマスミレ節に分類されてきたコミヤマスミレとマルバスミレは *matK* 領域でも、また *trnL-F* 領域でもミヤマスミレ節内のクレードには入らず、ツクシスミレとともに3種で1つのクレードにまとまった。*matK* 領域ではツクシス

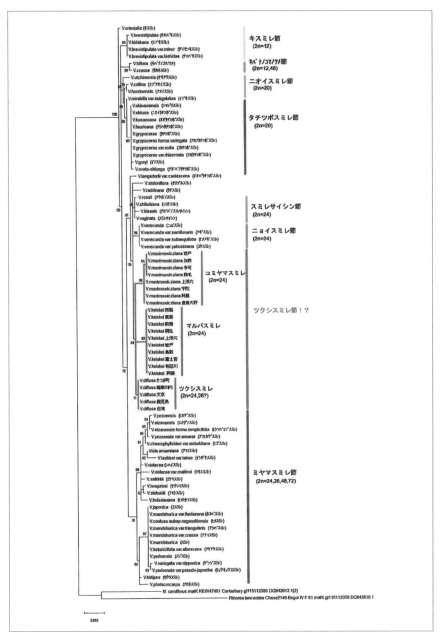

図4　*matK* 領域における系統樹　　最下部の2種は外群（スミレ科の他属）

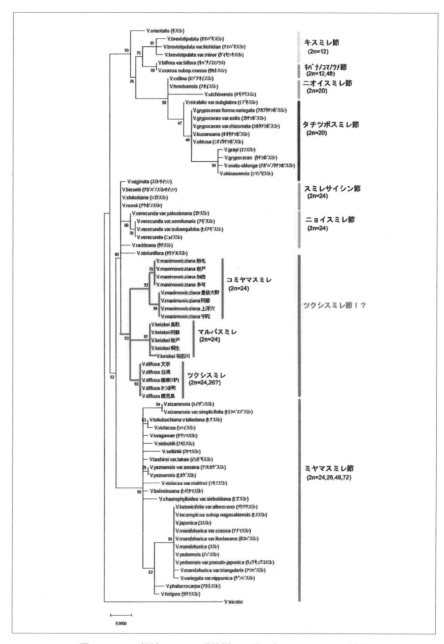

図5 *trnL-F* 領域における系統樹　　最下部の *V.tricolor* は外群

ミレ、マルバスミレは産地にかかわらずまったく同じ塩基配列を示したが、コミヤマスミレについては1塩基の変異が見つかった。そこで *matK* 領域について遺伝子集団構造図を作成した。

　trnL–F 領域についてもよく似た結果が得られた。まず、ツクシスミレはどの生育地の個体もまったく同じ塩基配列を示し、コミヤマスミレでは1塩基の変異が *matK* 領域と同じ個体で同様に確認された。

　シマジリスミレ（*V.okinawensis*）、オキナワスミレ（*V.utchinensis*）、アマミスミレ（*V.amamiana*）、オリヅルスミレについては植物園からサンプルを提供いただき、現在分析中ですべての解析が終わっているわけではない。しかし、今のところ、オリヅルスミレは両領域ともコミヤマスミレと同じクレードには入っていないことが判明している。オキナワスミレはニオイスミレ節の近くに見られ、シマジリスミレはタチツボスミレ節内に、アマミスミレはミヤマスミレ節のクレードに入っている。

3　スミレの柱頭の観察

　ミヤマスミレ節に分類されているゲンジスミレ、アツバスミレ、コスミレ、アカネスミレ、シハイスミレ、アリアケスミレ、イシガキスミレ、コミヤマスミレの8種、さらにツクシスミレ節に分類されているツクシスミレ、そして、ウラジロスミレ節（sect.*Serpentens*）のオキナワスミレ、合計10種のスミレの柱頭の観察を行った（**図6**）。観察した柱頭の形状を浜（1975）[4]の**図7**と比較したが、浜（1975）の観察どおり、コミヤマスミレの柱頭の形態はミヤマスミレ節の形態であった。ミヤマスミレ節のうち、イシガキスミレは少々異なっているように思わ

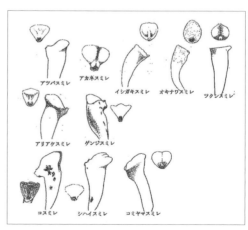

図6　柱頭上部形状（スケッチ）

れた。ツクシスミレ、オキナワスミレはミヤマスミレ節のものと違った形をしていた。しかし、柱頭の形態の違いは識別しにくいものだった。

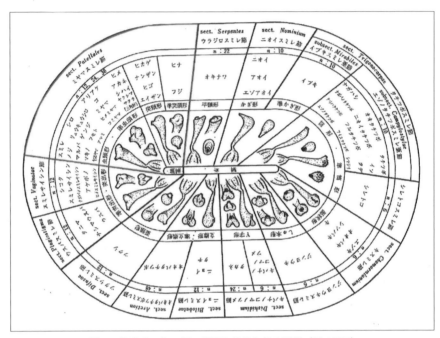

図7　日本産スミレ属の分類と花柱上部の形態（浜 1975）

4　栽培と観察結果

　生育地での調査から、ツクシスミレとコミヤマスミレは比較的よく似た暗い環境に生育することがわかった。ツクシスミレはストロンを出す点でミヤマスミレ節のスミレやコミヤマスミレと異なり、有茎種とされているが、毛の状態、ロゼット状に葉をつける点はコミヤマスミレとツクシスミレで類似している。他のミヤマスミレ節のスミレは葉が斜めに立ち上がり、葉に光沢があるものが多い。また、花期より果実期では大きな葉をつけるが、コミヤマスミレ、ツクシスミレは季節による変化が少ない。この2種は栽培も難しく、光量の少ない場所でのみ育った。両種とも果実が極端に小さい点もよく似通っている。なお、偶然と思われるが、無茎種であるノジスミレで花柄が枝分かれし、有茎種的な特徴を示した個体が観察された。

考察と展望

1 考　察

　本実験の解析に用いた葉緑体 DNA の 1 つ matK 領域は遺伝子をコードしており、変異の少ない領域である。一部の種で種内に変異はみられるが、多くの種で変異が少なく、今回中心に分析したマルバスミレでは全国のどの場所の個体も同じ塩基配列を示した。分布域が限られているが、ツクシスミレでもすべての個体でまったく変異がなかった。コミヤマスミレでは 1 塩基の変異が見られたが、この 3 種が matK 領域でミヤマスミレ節とまったく異なるクレードにまとまったことは、コミヤマスミレ、マルバスミレがミヤマスミレ節でなく、ツクシスミレ節に分類される可能性が考えられる。

　コミヤマスミレの 1 塩基の変異を採集地と示した遺伝子集団構造図を図8 に示す。いただいた屋久島のものはすべての分析ができておらず、屋久島には両タイプが見られるようで、今後は他の地域のものも入手し、解析してハプロタイプの分布を明らかにしたい。現在のところ、図 8 は生育地によってハプロタイプが異なるような遺伝子集団構造図となっているが、今後の詳細な分析が必要である。

　遺伝子間領域であり、変異が比較的多い trnL-F 領域でもよく似た結果が得られており、これら 3 種は 1 つのクレードにまとまり、コミヤマスミレについてはハプロタイプの違いまで個体ごとに一致している。

　柱頭の形態はまだまだ観察個体数が少ないが、ほぼ浜（1975）を指示していると思われる。ただ、その違いは個体よって少し違って見えることもあり、今後さらなる観察を行いたい。葉緑体 DNA のこの 2 つの領域で同様の結果が得られたことは、コミヤマスミレとマルバスミレの 2 種はミヤマスミレ節ではなく、ツクシスミレ節に分類されるべきではないかと考えている。

　オリヅルスミレはコミヤマスミレとよく似ていると文献にあったが、分

子系統樹を見るとこの2種は別節で、オリヅルスミレはむしろニョイスミレ節に近いのではないかと思われる。シマジリスミレとオキナワスミレは文献によると形態的に似ているとあるが、浜（1975）ではシマジリスミレはタチツボスミレ（sect.*Trigonocarpos*）、オキナワスミレはウラジロスミレ節（sect.*Serpentes*）としている。中西（2018）ではこの3種はすべてウラジロスミレ節としている[7]。しかし、私たちの結果ではシマジリスミレはタチツボスミレ節、オキナワスミレはニオイスミレ節に近縁と思われ、よく似た形態をもっていても違う節のスミレではないかと思われる。なお、アマミスミレについてはミヤマスミレ節に分類され、特に違和感はない結果となっている。

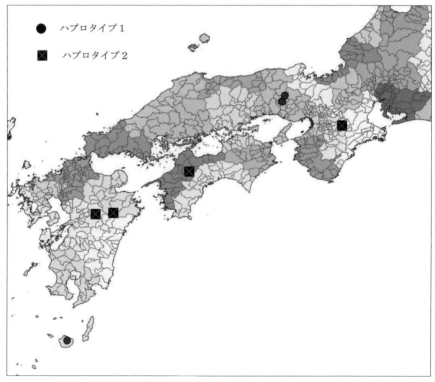

図8　分析したコミヤマスミレの採集地とハプロタイプ（一部未分析）

2　展　望

　コミヤマスミレ、マルバスミレおよび植物園から提供していただいたオリヅルスミレ、オキナワスミレ、シマジリスミレについて、これらの結果をはっきりさせるために、私たちはさらに核 DNA の *ITS* 領域の分析を始めている。また、染色体の核型分析やコミヤマスミレについては新しい生育地を探し、ハプロタイプの分布の解析にもチャレンジしてみたいと考えている。

〔謝　辞〕

ご指導いただいた以下の先生方に深く感謝します。
・兵庫教育大学認識形成系教育コース自然系教育分野（理科）
　笠原恵先生
・神奈川大学理学部特別助教
　岩崎貴也先生
・首都大東京理工学研究科
　田村浩一郎先生
　また、国立博物館植物研究部筑波実験植物園の国府方様、広島市植物公園濱谷様、岡山市半田山植物園の銅谷様、沖縄美ら島財団総合研究センター植物研究室の天野様、環境省新宿御苑管理事務所温室第一課長併任保護増殖専門官の関様、咲くやこの花館館長の久山様から貴重なサンプルを提供いただきました。感謝申し上げます。
　なお、本研究に際し、中谷医工計測技術振興財団より科学教育振興助成金をいただきました。また、本校はスーパーサイエンスハイスクール（SSH）事業より助成を受けています。

〔参考論文〕

1)　Ki-OugYoo、Su-Kil JANG「Infrageneric relationships of Korean Viola based on eight chloroplast markers」Jsyst.Evol.48:474-481（2010）
2)　MasatakaYoshida、HiroshiHayakawa、Tatsuya Fukuda and Jun Yokoyama（2012）

Incongruence between Morphological and Molecular Traits in Populations of Viola violacea（Violaceae）inYamagata Prefecture Northern Honshu、Japan.Acta Phytotax.Geobot.63（3）: 121-134

3）　門田裕一他「改訂新版日本の野生植物3」平凡社、pp209-227（2016）

4）　浜栄助「原色　日本のスミレ」誠文堂新光社、pp212-214（1975）

5）　いがりまさし「山渓ハンディ図鑑6日本のスミレ」山と渓谷社、pp171-177（1996）

6）　山田隆彦「日本のスミレ探訪 *72選」太郎次郎社、pp125（2019）

7）　中西弘樹「琉球列島産のウラジロスミレ節3種の種子分布」植物地理・分類研究　66（2）: 197-200（2018）

●
優秀賞論文

受賞のコメント

受賞者のコメント

スミレの魅力にとりつかれた
●兵庫県立小野高等学校　スミレ班

　私たちの研究は代々先輩たちから受け継ぎ、今年で6年目となる。私自身、入部当初はスミレなんてと思っていたが、今ではスミレの魅力にとりつかれた一人だ。この研究は先輩方が作った系統樹におけるコミヤマスミレのクレードが従来の文献と異なっていることから始まったのだが、研究を進めていく中で疑問が次々と浮かび、今まで名前の知らなかったスミレのことまで気になり、最後には野生絶滅種も研究対象となってしまった。それでも飽き足らず、日々スミレの形態や遺伝情報とにらめっこしている。

　そして、今回このような賞をいただくことができてとても光栄に思う。共に研究した仲間や研究の基盤を作った先輩方、ご指導をいただいた先生方に感謝したい。

指導教諭のコメント

従来の分類と異なる結果にはまる
●兵庫県立小野高等学校　教諭　藤原　正人

　本校スミレ班も8代目となっている。今回発表してくれたのは6代目で、先代の5代目リーダーが、一風変わった形態を持ち普通の植物ではあまり生育しないような非常に暗い場所に生育するこのスミレの研究を始めた。従来の形態による分類と異なる結果がどんどん出てきて、6代目のリーダーはこの研究にはまった。あるとき彼女は新しく出版された本の中に興味深い文章を見つけ、その本を購入して私のところへ持ってきた。「野生絶滅種のオリヅルスミレはコミヤマスミレに似ている」。その一文から彼女たちは国内の植物園に手紙を書き、サンプルを集めた。コミヤマスミレから始まった研究は大きくスミレ属全体の分類の見直しへと広がり始めている。

●
優秀賞論文

未来の科学者へ

自ら疑問を持ち、自ら設定した深みのある研究テーマ

　この度は優秀賞のご受賞、誠におめでとうございます。丁寧に研究に取り組まれた生徒さんと熱心にご指導なさった先生方に心から敬意を表します。本研究は何世代にもわたり継承されてきました大変深みのある研究です。生徒さんが自ら、コミヤマスミレの観察から疑問を持ち、研究テーマを設定している点も大変高く評価できます。

　色素体DNAの二箇所について多系統で進められた解析は大変丁寧です。北播磨のサンプルの採集だけとっても大変であったと想像します。分子レベルの実験は高等学校では設備などの面で大変ではないかと想像しますが、きれいな結果を出されていて感心するばかりです。きっと、多くの工夫をされていることと思いますので、その点を論文に詳細に書いていただければ、読者にとって大変参考になったのではないでしょうか。今後の発展が極めて興味深く、ぜひ国内にとどまらず、世界に発信していくべきでしょう。

　柱頭の観察では形態の違いが識別しにくいものであったようですが、根気よく実施された生徒さんは称賛に値します。柱頭の形態の違いを明瞭に示す指標を見つけることができますと、この分野は格段に進むようになるのではないでしょうか。

　生育地の調査と簡単に書かれていますが、これは経験が必要な作業です。このことから、今回実施された生徒さんの努力もさることながら、指導されている先生や今回発表された生徒さんの先輩方の努力までもがうかがえます。さらに栽培と観察も大変丁寧に実施されていて大変素晴らしいと感じます。

　最後に、御校の伝統をこれからも継承されまして、ますます研究が発展していくことを期待しています。そして、繰り返しになりますが、ぜひ世界に発信していってください。

（神奈川大学工学部　教授　朝倉　史明）

努力賞論文

●

努力賞論文

大蛇ヶ原湿原の植生は
40年前の姿を残していた

（原題）大蛇ヶ原湿原の生態学的調査・研究
〜湿原とその周辺に棲息する3種のヤゴと植生調査から見えてくるもの〜

北海道札幌南陵高等学校　科学部
3年　磯部 佳直　磯部 蒼志　花岡 賢一郎
2年　植村 融　会田 一亮　伊藤 翔悟
1年　原田 一飛　赤岩 正盛　佐藤 雅斗　佐々木 勇　沖嵜 雄大

●

研究の目的

　写真1に示した大蛇ヶ原湿原は、札幌市南区にある無意根山（標高1464メートル）の麓にある。私たちは、2017年4月から2020年の8月までの4年間、湿原とその周辺に棲息する生物と水質について調査を行った。私たちは「生物基礎」の授業の中で「湿性遷移」について学び、大蛇ヶ原湿原では、「植生に遷移が見られるのか」を探るため現地調査を行った。そして40年前の先行調査と比較することで変化の有無を明らかにすることにした。また、湿原内に点在する池塘でのみカオジロトンボのヤゴが見つかっている。その理由を探るため、これまで行ってきた水質調査の結果と他の2種（ルリボシヤンマとタカネトンボ）のヤゴとの生態的地位（ニッチ）を調べることで解決を試みた（**写真2**）。

写真 1　大蛇ヶ原湿原

写真 2　ヤゴの個体数調査を行っている部員

1　現地での調査

①動植物の調査

・毎年、石狩森林管理局に現地調査の申請をして入林許可を得た。

・湿原内に棲息する植物と動物の写真をデジタルカメラに記録した。

②水質調査

・湿原内の池塘ならびに周辺を流れる沢（川）の水質について調べた。

・検査項目は、以下の 9 項目について行った。化学分析は、（株）共立
理化学研究所製パックテストを用いた。

・気温・水温・pH（水素イオン濃度）・DO（溶存酸素量）

・COD（化学的酸素要求量）・アンモニア態窒素・亜硝酸態窒素

・硝酸態窒素・リン酸態リン

2　学校での作業

①調査日に撮影した写真の整理・生物の同定作業を行った。

②ヤゴの同定について

・成虫については、体長、棲息分布域、頭部の特徴（色や形状）、翅胸
の模様や腹の形、状翅の縁紋を観察し判断した。幼虫については、

体長、棲息分布域、全体の形状、複眼の位置、肛側片の形状、腹部の模様や色を確認し種の同定を行った。

③植物の同定について

・花をつける植物については、開花時期、色、花弁の枚数と形態、葉の形態や茎の高さなどから判断した。イネ科など、花がめだたない植物については茎の高さ、葉の幅や形状葉舌の有無、小穂の形状や色茎から伸びる葉のつき方を確認し種の同定を行った。

3　ヤゴの室内実験について

①3種のヤゴの生態的地位を調べる実験

【実験Ⅰ】カオジロトンボのヤゴ（**写真3**）4匹とタカネトンボのヤゴ（**写真4**）3匹を同じ水槽に入れ7日間飼育し捕食行動の観察を行った。

【実験Ⅱ】カオジロトンボのヤゴ（4匹）とルリボシヤンマのヤゴ（2匹）を同じ水槽に入れ5日間飼育し捕食行動の観察を行った。

【実験Ⅲ】タカネトンボのヤゴ（4匹）とルリボシヤンマ（2匹）のヤゴを同じ水槽に入れ5日間飼育し捕食行動の観察を行った。

②タカネとカオジロのヤゴは何を食べているか確かめる実験

【実験Ⅳ】タカネトンボとカオジロトンボは、実験Ⅰの結果からお互いを捕食し合わないことがわかった。そこで池塘の泥炭層や池の底（落葉落枝層）に棲息するアカムシ（5匹）を2種のヤゴに与えて捕食するか様子を見た。

③タカネトンボとカオジロトンボを酸性の水の中で飼育する実験

【実験Ⅴ】イオン交換水に「米酢」を加えてpH＝3.4に調整した水を水槽に入れた。その水槽にタカネトンボ（2匹）とカオジロトンボ（4匹）のヤゴを別々に入れ4日間飼育し観察を行った。

写真 3　カオジロトンボの幼虫

写真 4　タカネトンボの幼虫

調査・実験結果

1　植物編

　これまでの調査で 44 種の植物を確認することができた。大蛇ヶ原湿原、5 月中旬まで残雪が多く花は見られない。**表 1** は、花をつける 27 種の開花時期を示した。5 月下旬頃になるとミズバショウが咲き始め 9 月にはエゾオヤマリンドウが開花しシーズンを終える。特に**写真 5** のトキソウ（ラン科）は北海道では絶滅

写真 5　トキソウ

危惧種（VU）に指定されている植物で群落を確認することができた。

　図 1 は、大蛇ヶ原湿原の現存植生図である。高低差は 13 メートルあり、ゆるやかに南西から北東にくだっている。大蛇ヶ原湿原は、池塘を中心にさまざまな植物が広がるように分布していることがわかった。

　植生調査の結果を**表 2** にまとめた。**表 2** には 40 年前の調査で確認された植物 32 種を「○」で表示し、私たちが調べた植物 32 種を「●」で表示した。

表1　大蛇ヶ原湿原で観察された植物の開花時期一覧表（2017－2020年調査）

2020年調査日	4月6日					6月6日			6月27日	7月4日			7月23日	7月25日	8月1日	8月8日	8月29日
2019年調査日		4月13日	4月27日	5月11日	5月25日	6月15日		6月29日			7月4日			8月2日		8月24日	9月22日
2018年調査日	4月7日	4月14日	4月28日	5月20日	5月26日	6月6日	6月16日	6月23日	6月30日	7月7日	7月14日	7月21日		8月1日	8月15日	8月26日	9月22日
2017年調査日	4月3日	4月15日	4月29日	5月20日	5月28日	6月17日		6月23日		7月1日	7月15日	7月22日		8月5日	8月19日	8月26日	9月23日
アキノキリンソウ																	
アカモノ																	
イソツツジ																	
イワイチョウ																	
ウメバチゲ																	
エゾイチゲ																	
エゾクロウスゴ																	
エゾノリュウキンカ																	
エゾオヤマリンドウ																	
オオバミゾホオズキ																	
オオバスノキ																	
カラマツソウ																	
コツマトリソウ																	
コバイケイソウ																	
コバノトンボソウ																	
タチギボウシ																	
チングルマ																	
ツルコケモモ																	
トキソウ																	
ナガボノシロワレモコウ																	
バイケイソウ																	
ハクサンチドリ																	
マイヅルソウ																	
ミズバショウ																	
ミツガシワ																	
ミネカエデ																	
モウセンゴケ																	

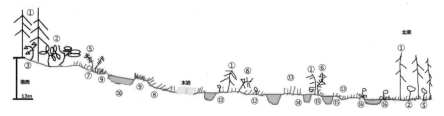

①アカエゾマツ②ナナカマド③ミネカエデ⑤チシマザサ⑥ハイマツ⑦ヤマドリゼンマイ⑧ワタスゲ、ハクサンチドリ、イワイチョウ、チングルマ⑨モウセンゴケ、ツルコケモモ⑩珪藻類⑫エゾイソツツジ⑬ミタケスゲ、ヤチカワズスゲ⑭ヤチスゲ、キタヨシ⑮トキソウ、エゾイソツツジ⑯エゾノリュウキンカ

図1　現存植生図（南西―北東方向）

2　ヤゴ編

　湿原とその周辺に3種のヤゴが棲息していることがわかった。湿原の池塘にいるカオジロトンボのヤゴと標高の低い池にいるタカネトンボのヤゴそして両方の池にいるルリボシヤンマのヤゴだ。**表3**は、2020年に捕獲したトンボの幼虫と成虫の記録を一覧にまとめた。**表4**は、標高の違うタカネの池（545メートル）と池塘（978メートル）で見つかったヤゴの種類とその場所の水質分析結果をまとめたものである。

　結論として、①カオジロトンボのヤゴは、池塘（標高978メートル）でのみ棲息している。②タカネトンボのヤゴは、標高545メートル付近の池に棲息している。③ルリボシヤンマのヤゴは、標高の低いタカネの池から

表2　大蛇ヶ原湿原の植生調査結果比較表（1980と2017-2020 ver7.6）

湿原で生息状況を確認した植物（樹木・草本）	学名	1980年の調査結果	2017-2020調査結果
1 アカエゾマツ	Picea glehnii	○	●
2 イワノガリヤス	Calamagrostis langsdorffii	○	●
3 イワショウブ	Triantha japonica	▲	▲
4 イワイチョウ	Nephrophyllidium crista galli	○	●
5 ウメバチソウ	Parnassia palustris	○	●
6 エゾイソツツジ	Ledum palustre ssp, diversipilosum	○	●
7 エゾイチゲ	Anemone yezoensis	○	●
8 クロウスゴ	Vaccinium ovalifolium var,ovalifum	○	●
9 エゾオヤマリンドウ	Gentiana scabra var.buergeri	○	●
0 オオバスノキ	Vaccinium smallii A.Gray var,smallii	○	●
1 キタヨシ	Phragmites communis Trin,	○	●
2 キンコウカ	Narthecium	▲	●
3 クロバナギボウシ(タチギボウシ)	Hosta atropurpurea Nakai	○	●
4 コヨウラクツツジ	Menziesia multiflora	○	●
5 シラネニンジン	Tilingia ajanensis Regel	○	●
6 ショウジョウスゲ	Carex blephaeicarpa Franch,	○	●
7 チシマザサ	Sasa kurilensis	○	●
8 チングルマ	Geum pentapetalum	○	●
9 ツルコケモモ	Vaccinium oxycoccos	○	●
0 ナガボノシロワレモコウ	Sanguisorba tenuifolia var, alba	○	●
1 ナナカマド	Sorbus commixta	○	●
2 ヌマガヤ	Moliniopsis japonica	▲	●
3 ハイイヌツゲ	Ilex crenata var. paludosa	○	●
4 ハイマツ	Pinus pumila	○	●
5 ヒメシャクナゲ	Andromeda polifolia L.	▲	●
6 ヒナザクラ	Primula nipponica	▲	●
7 ホロムイイチゴ	Rubus chamaemorus	▲	●
8 ホロムイソウ	Scheuchzeria palustris	▲	●
9 マイヅルソウ	Maianthemum dilatatum	○	●
0 ミカヅキグサ	Rhynchospora	○	●
1 ミズバショウ	Lysichitum camtschatcense Schott	○	●
2 ミタケスゲ	Carex michauxiana Boeck,asiatica Hulten	○	●
3 ミツガシワ	Menyanthes trifoliata	○	●
4 ミネカエデ	Acer tschonoskii Maxim	○	●
5 ミネハリイ	Trichophorum cespitosum	▲	●
6 ミヤマイヌノハナヒゲ	Rhynchospora yasudana	○	●
7 モウセンゴケ	Drosera rotundifolia	○	●
8 ヤチカワズスゲ	Carex omiana	○	●
9 ヤチスゲ	Carex limosa	○	●
0 ヤマドリゼンマイ	Osmunda cinnamomeum Or, var, fokiense Tagawa	○	●
1 ワタスゲ	Eriophorum vaginatum	○	●
	確認できた種数→	32	32

「●と○」棲息を確認した。「▲」探したが確認できなかった。

表3　湿原とその周辺で見つけたトンボの幼虫と成虫調査の結果一覧（2020年）

採集日	採集場所	標高	成虫・幼虫	捕獲数	ヤゴの種類	体長					
6月6日	タカネの池	545m	幼虫	2	ルリボシヤンマ	48mm	44mm				
				2	タカネトンボ	21mm	16mm				
	大蛇ヶ原湿原	918m	幼虫	3	ルリボシヤンマ	41mm	34mm	43mm			
				3	カオジロトンボ	18mm	13mm	10mm			
6月20日	タカネの池	545m	幼虫	1	タカネトンボ	14mm					
	大蛇ヶ原湿原	918m	幼虫	3	ルリボシヤンマ	21mm	32mm	26mm			
				2	カオジロトンボ	14mm	11mm				
7月4日	大蛇ヶ原湿原	978m	幼虫	2	ルリボシヤンマ	32mm	16mm				
				3	カオジロトンボ	15mm	15mm	15mm	15mm		
7月23日	タカネの池	545m	幼虫	5	タカネトンボ	20mm	19mm	19mm	20mm	18mm	
				1	ルリボシヤンマ	50mm					
	大蛇ヶ原湿原	978m	幼虫	3	カオジロトンボ	15mm	14mm	13mm			
				2	ルリボシヤンマ	29mm	46mm				
7月25日	大蛇ヶ原湿原	978m	幼虫	10	カオジロトンボ	16mm	16mm	19mm	14mm	12mm	
						14mm	8mm	12mm	14mm	10mm	
8月1日	タカネの池	545m	幼虫	5	タカネトンボ	20mm	22mm	18mm	22mm	18mm	22mm
	大蛇ヶ原湿原	978m	幼虫	9	カオジロトンボ	15mm	0．3mm	19mm	10mm	10mm	16mm
						15mm	12mm	13mm			
8月8日	タカネの池	545m	幼虫	10	タカネトンボ	20mm	20mm	18mm	20mm	20mm	22mm
						22mm	22mm	20mm	22mm		
				1	ルリボシヤンマ	34mm					
	大蛇ヶ原湿原	978m	幼虫	8	カオジロトンボ	16mm	16mm	16mm	16mm	18mm	18mm
						6mm	4mm				
				6	ルリボシヤンマ	38mm	34mm	30mm	20mm	22mm	26mm
8月29日	タカネの池	545m	幼虫	7	タカネトンボ	22mm	21mm	21mm	20mm	23mm	23mm
						22mm					
				1	ルリボシヤンマ	41mm					
	大蛇ヶ原湿原	978m	幼虫	5	カオジロトンボ	15mm	12mm	8mm	7mm	6mm	
				1	ルリボシヤンマ	26mm					

カオジロ池まで幅広く棲息していることなどがわかった。

　各池の水質分析結果を見ると COD、NH_4^+、NO_3^-、NO_2^- についてはそれほど差が見られなかった。標高が高いにもかかわらず池塘の平均水温が 22.4℃ と高い値を示した。原因は、湿原内に停滞する水が直射日光を受けて温められることが原因と思われる。

　私たちが注目したのは、pH だ。カオジロトンボのいる池塘の pH の平均が 4.0 と低い値を示した。タカネトンボのいる池の pH は 4.5 と高い値を示した。

考　察

　表2のとおり、40年前に確認された植物 32 種について調べた結果、32 種すべての植物が今も生息していることが確認できた。この結果より、大蛇ヶ原湿原の植生は、今も 40 年前の姿を維持していることがわかった。

　なぜ植生が維持されているのか。考えられるのは、湿原内に点在する池塘が1本の川のようにつながっていて下流の沢に流れ出ている地形であること、また湿原とその周辺には、多くの沢があり、常に水が流れていて湿潤なこと、さらに 10 月には雪が積もりはじめ、6 月下旬まで雪が残るため、この豊かな水環境が 40 年もの間、植生を変えることなく維持し続けたのではないかと考えた。

　表4は、標高の違うタカネの池とカオジロ池で見つかったヤゴの種類と水質調査の結果を比較できるようにまとめたものである。COD、NH_4^+、NO_3^-、NO_2^- の4項目については、2地点とも数値に違いはなかった。私たちが注目したのは pH だ。湿原よりも標高の低い池の pH の平均は 4.5 だが、湿原の池塘では 4.0 と強い酸性を示した。特に夏場は pH＝3.9 と強い酸性を示した。この値は尾瀬ヶ原湿原の池塘（pH＝4.5）よりも酸性度が高いこと示している。

　表4との結果から2種のヤゴが標高差と pH の違いが要因で「棲み分け」をしていると考えた。その考えを証明するため3種のヤゴを使って室内実

表4　タカネの池とカオジロ池で見つかったヤゴと水質分析結果一覧表(2019年)

調査地	標高	写真	見つかったヤゴの種類	水温℃	気温℃	pH	COD	NH₄	NO₃	NO₂	PO₄	調査日
タカネの池	545m		タカネトンボ ルリボシヤンマ	4.2	0.6	5.8	6	0.2	0.2	0.005	–	4月27日
				14.9	22.0	4.1	8	0.2	0.2	0.005	0.2	6月15日
				16.1	19.7	4.3	8	0.2	0.2	0.005	0.02	6月29日
				18.6	26	4.3	8	0.5	0.2	0.005	0.02	7月14日
				28	31.4	4.3	8	0.5	0.2	0.005	0.05	8月2日
				18	23.2	4.4	8	0.5	0.2	0.005	0.05	8月24日
			平均	16.63	20.48	4.53	7.67	0.35	0.20	0.01	0.07	平均
				水温℃	気温℃	pH	COD	NH₄	NO₃	NO₂	PO₄	調査日
大蛇ヶ原湿原 (カオジロ池)	978m		カオジロトンボ ルリボシヤンマ	17.1	21.4	4.1	4	0.2	0.2	0.005	0.2	6月15日
				19.9	15.6	4	8	0.2	0.2	0.005	0.1	6月29日
				23.9	21	3.9	8	0.2	0.2	0.005	–	7月 6日
				21.2	20	4.1	8	0.2	0.2	0.005	0.5	7月14日
				29.3	29.6	4.2	8	0.2	0.2	0.02	0.02	8月2日
				28.68	14.8	4.2	8	0.2	0.2	0.005	0.02	8月24日
			平均	23.35	20.40	4.08	7.33	0.20	0.20	0.01	0.17	平均

表5　3種のヤゴの生態的地位を調べる実験結果

実験の種類	実験結果
① 3種のヤゴの生態的地位を調べる実験	
実験Ⅰ	タカネトンボとカオジロトンボのヤゴは7日間同じ水槽で飼育しましたがお互い捕食し合うこともなく共存できることがわかりました。
実験Ⅱ	ルリボシヤンマとタカネトンボのヤゴは、5日間でルリボシヤンマがタカネトンボを捕食してしまいました。
実験Ⅲ	ルリボシヤンマとカオジロトンボのヤゴはわずか4日間でルリボシヤンマがカオジロトンボを捕食してしまいました。
② タカネトンボとカオジロトンボのヤゴは何を食べているか確かめる実験	
実験Ⅳ	池や池塘からアカムシを捕まえてカオジロトンボとタカネトンボを飼育している水槽に5匹ずつ与えて様子を見ることにしました。その結果は、どちらのヤゴもアカムシを食べる事がわかりました。
③ タカネトンボとカオジロトンボを酸性の水の中で飼育する実験	
実験Ⅴ	カオジロトンボの様子に変化はなく元気に活動しているのに対しタカネトンボは動きがとまり、ガラス棒でつついても反応しなくなりました。2匹が、かたまって動かなくなってしまったので死んでしまうと思い飼育用の水槽に戻しましたがそのうち1匹は死んでしまいました。

験を行った。その結果を表5にまとめた。

　まずヤゴの生態的地位を調べるため【実験Ⅰ～Ⅲ】を行った。その結果ルリボシヤンマのヤゴが他の2種のヤゴを捕食することがわかった。ルリボシヤンマのヤゴは、カオジロ池でカオジロトンボのヤゴを捕食して生き、タカネの池にいるルリボシヤンマのヤゴは、タカネトンボのヤゴを捕食して生きていることがわかった。そこで【実験Ⅳ】ではタカネトンボとカオジロトンボが何を捕食して生きているかの実験を行った。両種が棲息している池の底をすくってみるとアカムシが見つかった。そのことによって両

種に与えると捕食することがわかった。【実験Ⅴ】ではpHの値を米酢で調整し、酸性（pH＝3.4）を強めた水の中でどのような行動をとるか観察することにした。5日間様子を見るとカオジロトンボのヤゴは元気に泳ぎまわっているのに対し、タカネトンボのヤゴはすぐにじっとして動かなくなり、やがてガラス棒でつついても無反応になった。この実験結果から、カオジロトンボは酸性の水の中でも強く生きることできまるが、タカネトンボは、酸性の水域を好まないのではないかと考えた。

結　論

　40年前の先行調査結果（32種）と私たちが調査した結果を比較すると、今も32種が生息していることがわかった。大蛇ヶ原湿原の植生は今も昔も変わらずその姿を残していたのだ。

　地球温暖化による生物相の変化が起きている今、大蛇ヶ原湿原は貴重な場所であり、積極的に保護しなければならないと思った。標高の低いタカネの池にはルリボシヤンマとタカネトンボのヤゴが棲息し、標高の高いカオジロ池ではカオジロトンボとルリボシヤンマのヤゴが棲息していることがわかった。ルリボシヤンマのヤゴはタカネトンボとカオジロトンボのヤゴを捕食することがわかった。タカネトンボとカオジロトンボのヤゴは、お互いを捕食することはなく、池や池塘に棲息しているアカムシを捕食していることがわかった。さらにタカネトンボとカオジロトンボの2種は、室内実験の結果から標高差以外にpHの差が「棲み分け」の要因の1つであると結論づけることができた。

〔謝　辞〕

　大蛇ヶ原湿原への調査の許可をくださった北海道森林管理局石狩森林管理署の皆様、ご担当の上野絢子様に厚くお礼申しあげます。また、無意根尻小屋にて水質分析や休憩、昼食場所を提供してくださった北海道大学山

スキー部の皆様にも感謝いたします。

　新たな課題も多々ありますので研究を継続していきたいと考えています。

〔参考文献〕

1)　木野田君公「札幌の昆虫」北海道大学出版会　2006 年 6 月 10 日
2)　蟇目清一郎「水の分析第 3 版」化学同人　1966 年 8 月 15 日
3)　梅沢俊「新北海道の花」北海道大学出版会　2007 年 3 月 25 日
4)　辻井達一　橘ヒサ子「北海道の湿原と植物」北海道大学出版会　2003 年 3 月 25 日
5)　尾園暁・川島逸郎・二橋亮「日本のトンボ」文一統合出版　2012 年 7 月 10 日
6)　「無意根山大蛇ヶ原の植生—北海道高地湿原の研究（Ⅲ）」(1980)
7)　「尾瀬ヶ原における水質調査」群馬県立尾瀬高等学校科学部（2009）
8)　谷口弘一・三上日出夫　「北海道の野の花　最新版」　北海道新聞社　2005 年 5 月 30 日
9)　佐藤孝夫　「増補新版　北海道樹木図鑑」　亜璃西社　2011 年 3 月 24 日
10)　梅沢俊　「北海道の草花」　北海道新聞社　2018 年 6 月 30 日

● 努力賞論文

受賞のコメント

４年間山に登り湿原の調査を
続けてきてよかった！

●北海道札幌南陵高等学校　科学部

　代表　３年　磯部　佳直

　大蛇ヶ原湿原の生態学的調査・研究は４年間続けられた。目的は40年前の植生と現在の状況を比べて、植生に変化が見られるかを明らかにすることであった。私たちは、延べ48回の調査を重ねた結果、40年前に記録された32種の植物をすべて確認することができた。40年間もの間、植生が保たれていたことは大きな驚きだった。また湿原には、準絶滅危惧種に指定されているトキソウの群落が見られたり、カオジロトンボのヤゴが繁殖していることもわかった。これからも意欲的に研究活動をしていきたい。

　最後にご指導してくださった松本俊一先生、一緒に活動した部員に深く感謝したい。

「継続は力なり」を実践した生徒たち

●北海道札幌南陵高等学校　科学部顧問　松本　俊一

　生徒たちと野外に出て生物と水質調査を始めたのは2014年である。当時は、札幌市豊平区にある西岡湿原で３年間調査を行った。大蛇ヶ原湿原の調査は、2017年からスタートし４年目になる。これまで48回生徒たちと山に登って湿原の調査を行ってきたが大きな事故もなく続けられていることに感謝したい。

　これまでの調査で多くの動植物と出会うことができた。また湿原内やその周辺を流れる川で採水し、水質分析を行い、現状を調べてきた。生徒達が、まとめた文書をご覧になっていただけるとわかるかと思うが、コツコツと調査してきたことで多くのデータを集めることができた。その結果、説得力のある研究論文ができたのではないかと確信している。

未来の科学者へ

地域の生物多様性を解明する基盤研究としてさらなる発展を

　何よりもまず、継続して行った4年間の調査量がとても素晴らしいと感じました。植生調査は季節変化を網羅するだけでもかなりの努力が必要ですが、4年間かけて合計48回のしっかりした調査を行っており、この大蛇ヶ原湿原の生物多様性について質の高い研究成果が得られています。こういった地道な調査は、新規な現象を発見した研究などと比べて目立ちにくいかもしれませんが、何十年と引用されて評価される重要な研究となります。先行研究として1980年に行われた調査結果との比較を行っていますが、今後もぜひ10年程度の間隔を目安に継続的なモニタリング調査をしていくと良いと思います。また、ドローンなどを使用して湿原全体の高解像度の画像を取得しておくと、湿原の面的な変化についてより詳細な解析が可能になると思います。今後、もし草原化が進むエリアがあれば、その早期検出もできるようになるでしょう。

　植生調査に加えて、トンボを中心とした動物相の調査や水質調査などを合わせて行い、多角的に湿原の環境を評価していることも素晴らしいと思いました。タカネトンボとカオジロトンボのpH環境に対する選好性の違いも新しい発見であり、とても重要な成果だと思います。他の動物や植物でもpHの違いが効いている例があるかもしれません。湿原内で代表的な調査区（コドラート）を複数設置し、水質や土壌環境と生物相の関係について、群集生態学的な調査を行うことで、さらに新しい発見ができるかもしれません。調査区を絞っておくことで、継続的なモニタリングもしやすくなるでしょう。この湿原でのさらなる調査はもちろん、本調査で得られた経験を他の湿原でも活用して成果を比較することで、地域の生物多様性を明らかにする基盤研究としてのさらなる発展を期待しています。

（神奈川大学理学部　特別助教　岩崎　貴也）

●

努力賞論文

ドミノ倒しの複雑な 伝播現象を解明
(原題) ドミノの運動　～伝播速度の分析～

岩手県立一関第一高等学校　理数科
物理1班　3年
白井 洸多　並岡 大希　千葉 太翔　西山 直哉　濱田 陽音　濱田 優音

●

研究のねらい

　ドミノ倒しは世界中に知られた遊びだが、波の伝播を可視化するためのモデルとしても利用されている。私たちはドミノ倒しの伝播速度に興味を持ち、詳しく調べることにした。

　杉山（2009）は、ドミノの転倒の伝播速度がほぼ一定となること、ドミノの間隔に応じて伝播速度が変化することなどを明らかにしている。本研究の目的は、高精度で同様の実験を行って結果を検証するとともに、曲線状に並べた場合に伝播速度がどのようになるのか調べることである。

直線上における伝播速度

1　先行研究の検証

　杉山（2009）は、ストップウォッチを用いてドミノの伝播にかかる時間を測定した。本研究では、より正確に測定するためにナリカ製の速度測定器（ビースピⅤ）を用いることにした。測定範囲は 0〜999.9 cm/s、測定精度は 0.1 cm/s である。使用したドミノは、プラスチック製で、杉山（2009）と同一規格（厚さ 0.8 cm、幅 2.3 cm、高さ 4.6 cm、質量 8.0g）のものである。教室の床面などではドミノが床面を滑り倒れ方にばらつきが出るため、木製の角材に紙やすり（240 番）を接着したものを土台とした。使用するドミノの数は 100（+a）個とし、1.6 cm の間隔で一直線に並べた。

　また、1 つ目のドミノの初速度を一定にするため、力学的エネルギー保存則を用いた振り子型スタート装置を製作した。これより、転倒のきっかけとなる最初のドミノの初速度の大きさは、重力加速度の大きさ g を 9.8 m/s、振り子の糸の長さ l を 38 cm とすると、

$$v = \sqrt{(2gl(1 - \cos 5°))} \fallingdotseq 17[\mathrm{cm/s}]$$

となる。

　実験は 40 回繰り返し行い、10 個おきの伝播速度を測定した（図1）。結果を図2（a）に示す。横軸は最初のドミノからの通しの数、縦軸は伝播速度、エラーバーは標準偏差を表す。有意な差が見られないことから、ドミノはほぼ等速

図1　実験の様子

直線運動した（伝播速度がほぼ一定）と考えられ、杉山（2009）と同一の結果が得られた。

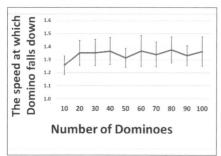 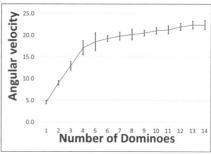

図2　直線上を倒れるドミノの速度変化
(a) 10 個おきの伝播速度　　　　　(b) 14 個目までの角速度

2　伝播開始後の加速過程

　1 の先行研究の検証により 10 個目以降の伝播速度は一定と見なせることがわかったが、それまでの変化はわからない。目視では、伝播開始直後から伝播速度が加速しているように見える。そこで、伝播速度を高精度で測定するため、ストップウォッチの画面とドミノが倒れる様子をスローカメラで撮影し、その映像から最後尾のドミノが転倒を開始してから終了するまでの時間を読み取った。この実験で得られる速度はドミノ単体の角速度である。

　40 回繰り返して得られた結果を**図 2**（b）に示す。横軸は最初のドミノからの通しの数、縦軸は角速度、エラーバーは標準偏差を示す。有意な差が見られたことから、ドミノは通し番号〈1〉から〈14〉の間で加速運動をしていることがわかった（これ以降、〈〉は通し番号を表す）。

　特に、大きく加速しているのは通し番号〈1〉から〈4〉の間である。伝播開始後の映像から、後ろから寄りかかるドミノの個数が、伝播開始直後に 1 個から 5 個程度に急激に増加する（5 個目以降はほぼ一定となる）ことがわかった（図は省略）。これより、〈1〉から〈4〉の間での急激な加速は後ろから寄りかかるドミノの個数の増加によるものだと考えられる。また、〈6〉から〈14〉の間でも緩やかに加速をしていることから、等速直線運動がはじまるのは少なくとも〈14〉のドミノ以降からではないかと考えられる。

　伝播速度が加速する際に起きている現象について考察する。〈2〉以降のドミノが転倒する様子について**図3**に示すような力学モデルを用いると、〈x〉のドミノが転倒する間に、〈x−1〉のドミノが〈x〉のドミノに力積を与えることになる。この力積は、ドミノの質量を m〔kg〕、〈x−1〉が〈x〉に接触する前後の速度を $\vec{v}$、$(\vec{v'})$〔m/s〕、〈x−1〉が〈x〉に与える力を $\vec{F}$〔N〕、接触時間を Δt〔s〕とすると、運動量と力積の関係式（$m\vec{v'}-m\vec{v}=\vec{F}\Delta t$）で与えられる。これより、力積の増加は、接触時間の増加と、〈x〉が〈x−1〉から受ける力の増加、または両方によるものと考えられる。角速度が増加すると接触時間は短くなることから、伝播開始後の力積の増加は〈x−1〉が〈x〉を押す力が増加したことで生じていると考えられる。

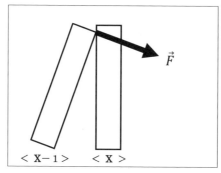

図3　直線上を倒れる場合の力学モデル

曲線上における伝播速度

1　仮　説

　伝播速度がどのように決まるのか深く理解するため、私たちは曲線上に並べたドミノでも実験を行うことにし、以下の3つの仮説を立てた。

【仮説Ⅰ】先行研究（杉山, 2009）でドミノ間の距離（間隔）に応じて速度が変化したとすると、曲線上のドミノ倒しの場合も、ドミノが衝突するまでの距離が等しければ速度も一定（等速運動）となる。

【仮説Ⅱ】曲線の場合、衝突の際に力積の方向と速度の方向にずれが生じる
　　　　　ため、伝播速度が減少する。

【仮説Ⅲ】曲線の場合、接触するのが「点」となるため、力が無駄なく伝わ
　　　　　り、加速する。

　これらの仮説の妥当性を確かめるため、曲がり方をいろいろと変えて実
験を行うことにした。

2　実験方法

　ドミノが等速直線運動をした後に曲線に沿って転倒するように設計する。
そのため直線状に 1.6 cm の間隔でドミノを 26 個並べ、それに続いて〔条
件Ⅰ〕と〔条件Ⅱ〕を満たすように曲線状に並べる（**図4**（a））。

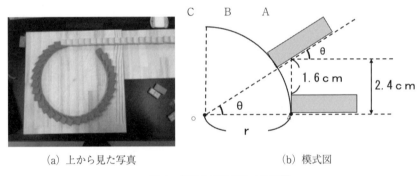

(a) 上から見た写真　　　　　　　　　　(b) 模式図

図4　曲線上でのドミノの配置

　〔条件Ⅰ〕隣接するドミノ同士において、辺の延長線のなす角θを一定に
　　　　　　する。

　〔条件Ⅱ〕〈x〉のドミノの頂点Bが〈x+1〉のドミノの面Aに衝突する
　　　　　　までの距離を、すべて 1.6 cm にする。

　〔条件Ⅰ〕では角度θを 10° から 35° まで 5° ごとに設定し、〔条件Ⅱ〕では
ドミノ間の距離が 1.6 cm となる半径 r の導出を次の手順で求める。

　円の半径を r〔cm〕、線分 OA と線分 OC のなす角をθとすると、**図4**

（b）に示すように、

$$\tan\theta = \frac{AC}{OC} = \frac{2.4}{r}$$

となり、円の半径 r は、

$$r = \frac{2.4}{\tan\theta}$$

と求まる。このようにして求めた半径 r
の円に接するようにドミノを並べる。

　土台は、曲線上では紙やすりの目の方
向によってドミノが引っかかる可能性が
あることから、紙やすりから板に変更
し、板とドミノの片面をセロハンテープ
で固定する。

　「伝播開始後の加速過程」と同様にス
トップウォッチとスローカメラを用いて
測定を行うが、**図5**のように曲線に入
る際のドミノの番号を〈0〉と定義し、
〈x〉のドミノが転倒を開始してから、
〈x+3〉が〈x+4〉に接触するまでの時

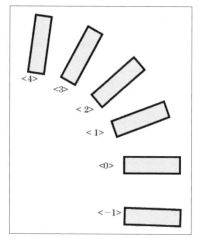

図5　直線から曲線にかけてのドミノの
配置

間を計測して、4個おきの伝播速度を求めるようにする。4個での区間の長
さ L は、L＝（ドミノの厚さ D＋ドミノの間隔 d）×個数＝9.6 cm となる。

3　結果と考察

　結果を**図6**に示す。横軸は計測区間を表し、縦軸は伝播速度を表す。エ
ラーバーは標準偏差を示す。角度が大きくなるほど、データの数が少なく
なるのは、その個数で円を1周してしまうからである。なお、はじめの区
間（〈-x〉から〈-x+4〉）は直線区間を表している。20°より大きい角度の
場合は伝播速度が有意に減少し、ドミノが減速していることがわかった。

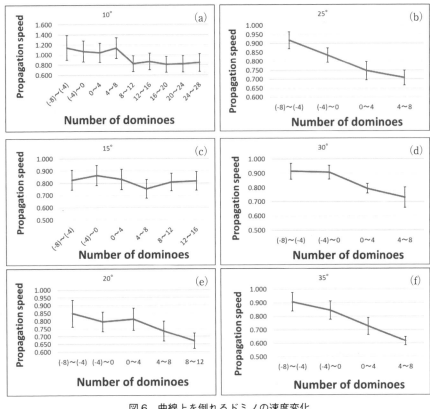

図6　曲線上を倒れるドミノの速度変化

　　ここで伝播速度が減速する際に起きている現象について考察する。ドミ
ノを曲線上に並べた場合、ドミノが次のドミノに衝突するときの角度 θ が
0ではなくなり、後ろのドミノから受ける力が分解され、進行方向の力の
成分が減少する。そのため、転倒中のドミノが受ける力積が減少し、減速
してゆくと考えられる。具体的には、角度 θ が小さい場合、後ろのドミノ
から受ける力の進行方向の成分 $\left|\overrightarrow{F'}\right|$ は角度が小さいため、元の力の大きさ
$\left|\overrightarrow{F}\right|$ と大きく変わらない（**図7**（a））。そのため、ドミノに与えられる力積
にも大きな差が現れず、直線の時に似た結果になると考えられる。角度 θ
が大きい場合は、後ろのドミノから受ける力の進行方向の成分 $\left|\overrightarrow{F'}\right|$ は、元
の力の大きさ $\left|\overrightarrow{F}\right|$ より大きく減少する（**図7**（b））。そのため、転倒中のド
ミノが受ける力積も減少し、減速すると考えられる。

　以上より、曲線上のドミノ倒しの場合も、後ろのドミノから加わる力積の大きさが、伝播速度を決定する要因になっていると考えられる。これらのことから仮説Ⅰと仮説Ⅲは棄却され、仮説Ⅱが立証された。

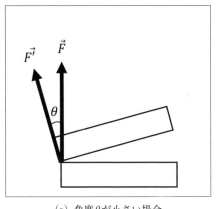 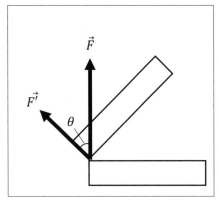

　　　(a) 角度θが小さい場合　　　　　　　　(b) 角度θが大きい場合

図7　曲線上を倒れる場合の力学モデル

まとめ

　ドミノ倒しにおけるドミノの伝播速度がどのように決まるのか調べた。特に、直線上にドミノを並べた場合の加速過程について調査するとともに、曲線上に並べた場合の伝播速度についても調べた。その結果、ドミノ（の転倒）は最初のドミノから5個目まで急激に加速した後、加速度を減少させながら緩やかに等速直線運動に近づいていくという特徴的な加速過程を持っていることがわかった。また曲線の場合では、一定以上の角度になると減速することがわかった。

〔謝　辞〕

　本研究を進めるに当たり、ご指導いただいた柿木康児先生ならびに佐々木隆浩先生に厚く御礼を申し上げます。本当にありがとうございました。

〔参考文献〕

1)　杉山了三「ドミノで地震波のモデル実験、岩手の地学教材と実験 2009 年度版」102-113（2009）

● 努力賞論文

受賞のコメント

研究は試行錯誤の連続だった

●岩手県立一関第一高等学校理数科

物理1班　3年

　高校生活の最後にこのような賞をいただくこ
とができて大変うれしく思う。研究者を目指す私たちにとってこの受賞は
大きな励みとなった。ドミノ倒しは一見、単純な運動の連続に見えるが、
実際は複雑な伝播現象である。その中でも加速過程や曲線上の伝播過程が
未解明なことを知り、その解明を目指した。研究は試行錯誤の連続で、特
に高い精度が求められた速度の測定方法などでは多くの失敗があった。そ
して、失敗を重ね、先生方や仲間との議論の末に1つの結論にたどり着い
た時には研究の醍醐味を感じた。

　このような機会を与えてくださり、ご指導いただいた先生方に心から感
謝している。この経験を必ず今後の研究活動に活かしていきたい。

指導教諭のコメント

実験条件を整える難しさに生徒は直面

●岩手県立一関第一高等学校　教諭　柿木　康児

　ドミノ倒しについて研究したいという話を聞いて、どのような先行研究
があるのか聞き返したのが生徒が高校2年、4月のことだった。そこから、
先行研究の内容を検証することになったが、ドミノが滑りまっすぐ倒れな
いなど、どのようにしたら同一の条件下で実験を行うことができるのか、
実験条件を整える難しさに生徒は直面した。試行錯誤を重ね、ようやく結
果が得られるまでに多くの時間を費やした。放課後の薄暗い中で、丁寧に
準備し実験していた姿をよく覚えている。生徒どうしや教員との議論を通
して、生徒は研究を深め、論理的に内容をまとめるよう取り組みを重ねた。
その集大成が今回の評価につながり、とてもうれしく思っている。

●
努力賞論文

未来の科学者へ

動機、目的が明確なのでまとまりが非常によい

　岩手県立一関第一高等学校による論文「ドミノの運動 〜伝播速度の分析〜（原題）」は、世界中によく知られた遊びであるドミノを題材とし、ドミノ転倒時（初期転倒時・定常時・曲線でのドミノ倒し）の伝播速度の変化について、実験的な検証と物理的な論理的考察が行われており、努力賞に資するものである。

　実験的な工夫点として、ドミノの転倒速度をより正確に測定するために、新たに赤外線によるセンサーを用いた実験を行っている点にある。さらに、そのセンサーの特性も把握しながら、ドミノ転倒時の伝播速度を正確に測定ができているか検証実験を行っている。また、実験的な調査にとどまらず、なぜそのような結果になったのか考察するために、高校で学習する範囲で物理的な数式を用いて定量的に考察している点も評価できる。

　論文の構成として、学術論文の執筆方法の基本に則っており、先行研究や本研究に取り組むための動機や目的が明確になっており、非常にまとまった論文となっている。また、考察においては、仮説を立てながら可能性の検証も行っており、質の高い論文であると言える。研究においては、適切な研究課題の設定も重要であるが、仮説立て、検証を行うために実験装置を自作し、数式的な物理モデルを構築する等、論理的に現象を明らかにする一連のプロセスが非常に重要となる。これらのプロセスをよく理解した論文であったと感じるとともに、この経験を基にさらなる成長・成果に期待したいと思う。

（神奈川大学工学部　特別助教　松本　紘宜）

●

努力賞論文

デジタルカメラでの
流星の分光画像撮影
（原題）回折格子を用いた流星の分光観測

宮城県古川黎明高等学校 自然科学部　流星班
３年　三野 正太郎　　２年　佐藤 優衣
１年　加藤 優熙　佐藤 安純

●

研究のきっかけと目的

　流星をデジタル一眼レフカメラで撮影した際に、その色が途中で変化していることに気づいたことが本研究の始まりである。研究当初から改良を重ね、色の変化をより定量的に解析するため、回折格子を用いて流星を撮影する現在の手法に至った。さらに、多地点同時観測による流星の発光高度の推測に挑戦、

①流星の分光画像の輝線の位置から、発光に関する元素の種類を推測する

②１つの流星を多地点で同時に観測することにより、高度と輝線の強度の関係を明らかにする

ことを目指している。

研究仮説

　流星のもととなる流星物質は、流星群ごとに同じ母天体に由来する。したがって、同じ流星群であればその発光元素（流星物質）の割合は共通の傾向が見られる。

　観測で得た輝線の種類や強度から、流星物質を構成する元素の種類や割合を求めることで、それぞれの流星群毎の発光元素の特徴や傾向が明らかになる。

　多地点同時観測で発光高度と輝線の強度の関係調べることで、流星発光の仕組みや、その1つである酸素禁制線（558 nm）発光が発生する条件が明らかになる。

研究方法

1　観測方法

　用意した機材を**表1**に示す。透過型ブレーズド回折格子（**写真1**）を用いて自作した分光装置を、**写真2**のように取り付ける。流星群の活動時期に、回折格子に対して流星が縦に入射するよう、輻射点の位置が画面上部になる向きにカメラを設置し連続して撮影を行う。

表1　機材一覧

機材番号	デジタル一眼レフカメラ	レンズ	撮影写野	回折格子	赤道儀 Vixen ポータブル赤道儀 星空雲台 ポラリエ
①	Canon EOSKiss x8i	単焦点レンズ SIGMA DC 30 mm F1.4 HSM	40.7×27.8 （対角 48.1°）	透過型ブレーズド回折格子 （格子数 300 本/mm）	有
②	Canon EOSKiss x4				無
③	Canon EOSKiss x5				無
④	Canon EOSKiss x5				無

写真1：回折格子

写真2：分光器とカメラ

2　画像解析

　流星の分光画像上の輝線がどの元素に由来するのかを調べる。あらかじめ波長が判明している光を、画像上の流星（0次光）と同じ位置に入射させ（**写真3**）、画像上の流星の位置と、輝線の波長を対応させる。

　次に、流星画像における輝線の間隔から各輝線の波長を求め（**写真4**）、発光に由来する元素を特定す
る。解析には、makalii（国立天文台・アストロアーツ）を用いた。

写真3：校正

写真4：pix の計測

結　果

　2016年から2021年1月現在まで約56万枚撮影し、計49枚の流星の分光画像を観測した。

考　察

1　検出された元素から

ほとんどの流星群で検出された Mg と Na を比較すると、2018 年ペルセウス群では、ふたご群で Mg に比べ Na の確認件数が少ない傾向がみられた。

Mg に比べ Na は沸点が低く揮発性が高いことから、ファエトン（ふたご群の母天体）では、流星物質の生成からの時間経過が他の母天体と比べて Na においては減少しており、ふたご群の流星物質が生成された時期は、他の流星群の流星物質が生成された時期よりも時間が経過しているのではないかと考えられる。あるいは、母天体のファエトン自体に含まれている Na が少なかったため、ふたご群に含まれる Na も少ないと考えることもできる。

表2から、ペルセウス群とオリオン群の多くで、酸素禁制線の輝線を推測できた。

酸素禁制線発光は、流星の対地速度が速いこと、大気の密度が薄いことが関係する。ペルセウス群とオリオン群は他の流星群の対地速度よりも速いことがわかっており、ペルセウス群とオリオン群で多く酸素禁制線を推測することができたのは、このことによるものだと考えられる。

表2：流星群と検出した元素

	ふたご群(28枚) 2017/12/1	ペルセ群(10枚) 2018/8/1	オリオン群(5枚) 2018/10/1	こと群(1枚) 2019/4/1
Ca II (396 nm)	4%(1枚)			
Mg II (448 nm)	21%(6枚)	10%(1枚)		
Fe I (496 nm)	7%(2枚)	10%(1枚)		
Mg I (518 nm)	96%(27枚)	40%(4枚)	80%(4枚)	100%(1枚)
Fe I (525〜550 nm)	21%(6枚)	10%(1枚)		
O I (558 nm) 禁制線発光	39%(11枚)	90%(9枚)	100%(5枚)	100%(1枚)
Na I (589 nm)	64%(18枚)	40%(4枚)	20%(1枚)	100%(1枚)
O I (615 nm)	18%(5枚)	20%(2枚)		
Si II (634 nm)	11%(3枚)	10%(1枚)		
N I (648 nm)	7%(2枚)			

2　高度測定

　写真5、6は2017年のふたご群で同時に撮影された流星の画像である。それぞれの流星画像を拡大すると、流星の発光の終わりの点に、写真5の消失点はエリダヌス座のクルサ、写真6の消失点はHIP22812という星があることがわかった。さらにそれらの星について、撮影された時の方位と高度を調べた。

　調べた結果は**図1**のようになった。図より、消失点の高度は約94.722 kmと推測できた。**写真5**の分光画像からは酸素禁制線を確認することもできた。また、95 km付近には酸素原子が存在していることがわかっており、この酸素禁制線発光には大気中の酸素または流星物質中の酸素、もしくはその両方が使われた可能性がある。

写真5：同時に撮られた流星1（大崎市古川）

写真6：同時に撮られた流星2（美里町）

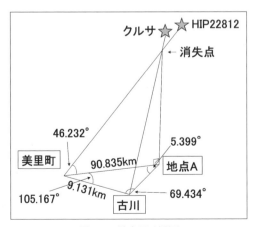

図1：二地点同時観測

課題と今後の展望

今後もさらに継続して観測を行い、データを増やすことで、流星群毎の元素の傾向を明確にしたい。 また、2017 年のふたご群の結果から、そもそもファエトン自体には Na が少ない可能性もあり、ふたご群の観測を続けて検証していく。今後も継続して高度の推測を行い、データを集め、酸素禁制線発光と高度の関係性を追求していきたい。

〔謝　辞〕

本研究を行うにあたり、ご指導していただいた高知工科大学 教授　山本真行先生、茨城大学理学部理学科 4 年　鈴木 湧平様に厚く御礼申し上げます。

〔参考文献〕

1) Millman.P.M.（1963）：A general survey of meteor spectra、Smithonian Contributions to Astrophysics、Vol.7、P.119.

2) J Borovič ka、H Betlem（1997）：Spectral analysis of two Perseid meteors、Planetary and space science、Vol.45、No.5、P.563-575.

3) 長沢工「流星と流星群」地人書館　（1997）

4) 国立天文台「理科年表 平成 27 年」丸善出版（2014）

5) 春日敏測「流星の発光メカニズム」http://www.perc.it-chiba.ac.jp/~kasuga/papers/meteor.pdf　（2017/03/30 参照）

6) 鈴木湧平「流星による熱圏・電離層の観測」日本天文学会 2017 年春季年会ジュニアセッション（2017）

7) 藤井旭「藤井旭の天文年鑑 2016 年版」誠文堂新光社（2016）

8) 藤井旭「藤井旭の天文年鑑 2017 年版」誠文堂新光社（2017）

9) 春日敏測「流星科学の最前線　流星 – 彗星、小惑星の熱的進化に迫る」日本惑星科学会誌 Vol.15No.3（2006）

10) 国立天文台「理科年表 平成 31 年」丸善出版（2019）

●
努力賞論文

受賞のコメント

受賞者のコメント

偉大な先輩たちの研究を引き継ぐ

●宮城県古川黎明高等学校 自然科学部天文班

　今回、このような賞をいただけたことをとても嬉しく思う。もともと、先輩たちが2014年にカメラで撮影した流星の色が変わっていることに気づき、その原因を究明する研究が現在まで引き継がれている。デジタルカメラで流星の分光画像を撮影できる確率は低く、過去のデータも少ないため苦労したが、粘り強く継続することの大切さを学ぶことができた。

　今後も観測を続け、分光画像を蓄積することで研究を深めていくことができると思う。研究を支えていただいた方々への感謝を忘れず、いっそう研究に励むとともに、後輩に引き継いで行きたいと考えている。

指導教諭のコメント

生徒たちは気の遠くなるほどの
時間と労力を費やした

●宮城県古川黎明高等学校 自然科学部顧問　教諭　斎藤 弘一郎

　デジタルカメラで流星の分光画像を撮影し、各流星群に含まれる元素を特定する。研究手法はシンプルだが、そもそも偶発的に現れる流星の撮影は天気、月明かり、街明かり、寒さ、暑さ、睡魔との戦いである。この過酷な研究に、生徒は気の遠くなるほどの時間と労力を費やし、少しずつデータを蓄積してきた。10年弱継続して撮りためた分光画像から、ようやくいくつかの流星群で、発光元素の特定ができるまでになった。

　今回、このような賞をいただいたことで、生徒の努力が報われるとともに、研究への意欲がさらに高まった。今後も宇宙への探究心をもった生徒によって受け継がれていくことを期待している。

努力賞論文

未来の科学者へ

今後の展開を期待させる面白い論文

　論文は、全体を通じて大変読みやすく書かれており、楽しく読むことができた。また、流星観測の話は、普段電波天文学を専門として銀河系中心を観測している自分にとっては新鮮だった。

　本研究テーマは、代々先輩から引き継がれてきたもののようで、過去のデータやノウハウの蓄積もあり、非常に洗練されている印象を受けた。結果についても、流星の大気衝突に起因した複数の原子スペクトル線が明瞭に検出されており、これは部員の皆さんの努力と根気強さの賜物だと思う。さらに興味深かったのは、二地点同時撮像された流星について、その視差から消失高度を求めている点。天文学において天体までの距離測定は非常に重要なトピックであり、また常に天文学者の悩みの種でもある。例えば2020年のノーベル物理学賞の受賞理由となった超大質量ブラックホール「いて座 A*」の質量も、地球からこの天体までの距離がわからなければ正確に決定することはできない。論文では、2017年のふたご座流星群に属す流星の消失高度を〜95 km と評価している。これは一般的な流星の消失高度と同程度であり、測定結果は妥当と言える。一方で、消失高度の測定誤差は、観測地点間の距離や天球面上での消失点の位置決定精度に左右されるので、この点を考慮して消失高度の決定精度にまで言及できればより良い論文になったと思う。

　論文中にも触れられている小惑星ファエトンは、2024年打ち上げ予定の宇宙探査機 Destiny+ の探査対象にもなっており、国内でも今後ますます関心が高まっていく気がする。流星研究においてはアマチュア天文家の貢献も大きく、今後の展開を大いに期待させる非常に面白い研究論文だった。流星を観測して過ごす高校生活ってとても素敵でしょう。引き続き、今しかない青春を謳歌してほしい。

（神奈川大学工学部　特別助教　竹川　俊也）

●

努力賞論文

もうカロリーを気にしない！
ダイエットチョコ

（原題）女子必見！肥満マウスでも乳酸菌チョコレートでダイエット！

山村学園　山村国際高等学校　生物部
2年　稲田 未来（みく）

●

研究の背景

1　先行研究をヒントに

　私たち生物部の研究テーマは微生物（真正細菌）を対象としている。ここ数年は、微生物をマーカーとした食品やマヌカハニーの抗菌効果とマウスの腸内細菌フローラ（以下、腸内フローラ）である[1,2,3,4]。

　特にマヌカハニーは、修学旅行先のニュージーランドのホストファミリーから、先住民族のマオリ族の人々から言い伝えられた抗菌力をもつ食品の1つであると聞いた。そこで2014年、このマヌカハニーの抗菌効果を、食中毒原因菌をマーカーとして検証し高い抗菌力を報告[5]した。さらに2015年から2018年までの研究では、マヌカハニーをマウスに投与すると、善玉菌（乳酸桿菌）が増加して、悪玉菌が減少するなど、マウスの腸内フローラを改善すると報告した[6,7,8,9]。

　そこで、これらの先行研究をヒントに、生物部の中で女子部員でもある私は、女子（私）の大好物であるチョコレート（以下、チョコ）に乳酸桿菌（以下、乳酸菌）を添加した乳酸菌チョコならば、マウスの腸内フロ

ーラのバランスを改善して「ダイエット」につながると考え、昨年
(2019)、この検証結果をポスターで発表した。しかし1年生部員でもあり、
研究計画の未熟さからか体重減少のエビデンスを欠き、また実験期間の設
定など、審査員の先生方からご指摘をいただいた。

2　痩せるという仮説

　今年（2020）の研究は、新型コロナウイルスの感染拡大で部活動も大幅
な制限を受けたが、研究計画をすべて見直し、今度は高脂肪飼料で強制的
に肥満させたマウスにより実施した。また乳酸菌チョコも、昨年の検証を
参考にヒト由来の「シールド乳酸菌[10]」のチョコを使用した。この乳酸菌
チョコの摂取により、肥満マウスの腸内フローラの改善が進み、特に日和
見菌のバクテロイデス（痩せ菌のグループ）が増加すれば痩せるという仮
説を立て、さらにマウスとヒト（若い女子）は同じ哺乳動物でもあるので、
乳酸菌チョコの機能性により若い女子が期待する「ダイエット」効果を探
ってみた。

材料および方法

1　飼育飼料・高脂肪飼料・プレーンチョコ・乳酸菌チョコ

　実験に使用した対照区の肥満マウスには、日本クレア(株)[11] の「飼育繁
殖用飼料 CE-2（以下、飼育飼料）」を自由摂取させた。一方、実験区の肥
満マウスには、日本クレア(株)の「肥満研究用高脂肪飼料 HFD-32（以下、
高脂肪飼料）」を自由摂取させた。また、実験区の肥満マウスに与えたチョ
コは、乳酸菌を含まない(株)ロッテの「ガーナミルクチョコレート」（以
下、プレーンチョコ）」と、乳酸菌（ヒト由来の「シールド乳酸菌」）を含
む森永製菓(株)の「たべるシールド乳酸菌チョコレート（以下、乳酸菌チ
ョコ）」を、それぞれ投与した（**図1**）。

図1　肥満マウスに与えた材料(左から飼育飼料・高脂肪飼料・プレーンチョコ・乳酸菌チョコ)

2　乳酸菌チョコの利点

　チョコは乳酸菌を熱や水分、そして酸素から遮断し保存に適した食材と考えられている[12]。それは加工に高温を必要としない。またチョコは脂質が多く水分を含まない。さらに硬化してしまえば空気をも遮断する。したがって、チョコは乳酸菌などの保存に適する材料である。

3　試験マウスの肥満および飼育法

　試験マウスは、東京実験動物[13]から購入したICRマウスを肥満させて使用した。マウスの肥満は、6週齢から高脂肪飼料(HFD-32)のみを自由摂取させ、20週齢まで肥満(体重約55 g)した12匹を使用した(図2)。20週齢の理由は、ヒトであれば10代後半に相当し、若い女子世代にあたると考えた。また高脂肪飼料を与えたのは、ご飯やお菓子をたくさん食べて肥満した状態でも、乳酸菌チョコの摂取により体重が減少する「ダイエット」効果を検証するためである。

　この肥満マウスは3匹を1区として設定した。また、照明は自然照明で、室温は24 ± 3℃の範囲とした。実験中の飲料水と対照区の飼育飼料および実験区の高脂肪飼料は自由摂取させた。

図2　肥満した ICR（20 週齢・約 55 g）

4　肥満マウスへの投与

【対照区】肥満マウスに飼育飼料のみを自由摂取させた。

【実験区①】肥満マウスに高脂肪飼料のみを自由摂取させた。

【実験区②】肥満マウスに高脂肪飼料のみを自由摂取させ、プレーンチョコを「おやつ」として与えた。

【実験区③】同じく肥満マウスに高脂肪飼料のみを自由摂取させ、乳酸菌チョコを「おやつ」として与えた。

　なお【実験区②】と【実験区③】のチョコの投与量であるが、ヒト（今回は、若い女子 10 代後半～20 代の平均体重 50 kg を基準）のメーカー摂取目安量（25 g）を肥満マウスの体重（約 55 g）に換算して投与量（28 mg）とし、1 日 1 回「おやつ」として 30 日間連続投与を行った。したがって、対照区と各実験区の合計 4 区の設定となった（**表 1**）。

　そして、これらの検証は政府による臨時休校要請や、それに続く緊急事

表1　対照区・実験区の飼料摂取とチョコの投与量※

	対照区 肥満マウス	実験区① 肥満マウス	実験区② 肥満マウス	実験区③ 肥満マウス
飼育飼料 （CE-2）	自由摂取	－	－	－
高脂肪飼料 （HFD-32）	－	自由摂取	自由摂取	自由摂取
プレーンチョコ （ガーナミルク）	－	－	マウス投与量 28.0mg/日	－
乳酸菌チョコ （たべるシールド乳酸菌）	－	－	－	マウス投与量 28.0mg/日

※乳酸菌・プレーンチョコの投与（摂取）量（若い女子の平均体重 50 kg を基準とした換算値）

態宣言発令により、今年（2020）の３月から休校となったため、５月末の解除まで自宅で実施した。また実験の全期間は、文部科学省「研究機関等における動物実験等の実験に関する基本指針」に準じた。

5　マウス腸内フローラの解析

　腸内フローラの解析には、実験最終日（30日後）に飼育ケージから回収した糞便を冷凍（−18℃）して、分子生物学的手法であるT-RFLP（16SrRNA）法により検証を行った（テクノスルガ・ラボ委託）[14]。

結果と考察

1　各実験区での相違点

　図３は、20週齢まで高脂肪飼料で飼育した肥満マウス（約55 g）に、各材料を投与して変化した体重のグラフである。【対照区】は、肥満マウスを高脂肪飼料から普通の飼育飼料に戻したので、30日後には、体重は約51 g（−7％）に減少し、肥満マウスの状態から普通体に復帰した。一方、【実験区①】は、そのまま高脂肪飼料を自由摂取したので、30日後には約61 g（＋11％）まで体重が増加した。このマウスは完全に肥満体型で、もしヒト

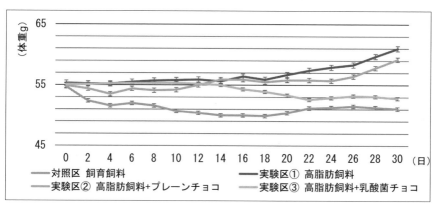

図３　投与条件による肥満マウスの体重変化（n＝3）

であれば生活習慣病の発症も免れないと考えた。

　また【実験区②】は、高脂肪飼料は自由摂取であるが、プレーンチョコを「おやつ」として与えたものである。チョコに含有されるカカオ由来のポリフェノールの作用も期待したが、残念ながら30日後には約59 g（＋7％）まで体重が増加した。最後の【実験区③】は、実験開始10日後から体重減少が観察され、最終の30日後には約53 g（－4％）と体重が減少した。この体重を【実験区①】の肥満マウスの約61 gと比較すると、約8 g（－13％）の「ダイエット」成功である。これを同じ哺乳動物のヒト（若い女子）に置き換えると、乳酸菌チョコを食べれば体重を気にすることなく安心してご飯やお菓子を摂ることができて、しかも「ダイエット」も期待できる。これは乳酸菌チョコの機能性による腸内フローラの改善から体重減少に転じたものと考えた（図3）。

2　体重減少の理由

　体重減少の理由としては、次の「投与条件による肥満マウスの腸内フローラのプロファイル」から考察することができる（図4）。

　まず対照区の体重減少は、腸内フローラの善玉菌（乳酸菌）や日和見菌

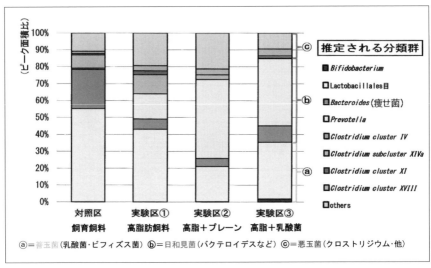

図4　投与条件による肥満マウスの腸内フローラのプロファイル（n＝3）

の増加が考えられる。特に日和見菌のバクテロイデスは、ワシントン大学のゴードン博士らの研究で、「肥満を防ぐ可能性のある腸内細菌（痩せ菌）」のグループ（ファーミキューテス（下位分類にクロストリジウム他）のグループはデブ菌）として発表[15]されており、高脂肪飼料から飼育飼料への変更は、この日和見菌の増加による腸内フローラの改善と考えた。

　一方、【実験区①】は高脂肪飼料のみの自由摂取により、乳酸菌は現れたが、日和見菌（痩せ菌：バクテロイデス）が圧縮され、逆に悪玉菌（デブ菌：クロストリジウム他）の増加による腸内フローラの悪化と考えた。また【実験区②】は、高脂肪飼料のみの自由摂取にプレーンチョコを毎日「おやつ」として与えたもので、先の体重変化でも述べたが、カカオ由来のポリフェノールによる腸内フローラの改善も期待したが、善玉菌（乳酸菌）や日和見菌（痩せ菌）も少なく、逆に悪玉菌（デブ菌）が約28％と増加した。したがって腸内フローラのバランスも悪化し、プレーンチョコでは「ダイエット」の機能性は望めないと考えた。

3　便秘の解消にもつながる

　最後の【実験区③】は、高脂肪飼料のみの自由摂取に、乳酸菌チョコを毎日「おやつ」として与えたもので、これも先の体重変化でも述べたが、肥満マウスでは体重減少の「ダイエット」に唯一成功している。これは、「おやつ」として与えた乳酸菌チョコの「シールド乳酸菌」がヒト由来で、ヒトとおなじ哺乳動物のマウスに機能したと考えた。この理由は、腸内フローラの善玉菌にビフィズス菌が現れている（約2％）。このビフィズス菌は、唯一動物の腸管以外には生息しない腸内細菌で、便通の改善を図り、ヒトでは女子の大敵である便秘の解消にもつながるのはもちろん、酢酸を産生し腸内を酸性に保ち、悪玉菌（デブ菌）の増殖を抑える[16・17]。その証拠に、【実験区③】は悪玉菌（デブ菌）が一番少ない。また二番目の理由は、日和見菌（痩せ菌のバクテロイデス）の増加は短鎖脂肪酸（酢酸・酪酸・プロピオン酸など）を産生し、これが脂肪細胞による脂肪の取り込みを抑制するので、余分な脂肪の蓄積を防止する[16・17]。すなわち肥満防止である。これら2つの理由に加え、この【実験区③】は、腸内フローラの理

想的な黄金比率（ⓐ2：ⓑ7：ⓒ1）に近いことからも体重減少の「ダイエット」という機能性が発揮したと考えた（図4）。

結　論

　高脂肪飼料を自由摂取させた肥満マウスに「シールド乳酸菌チョコ」を、ヒトの摂取目安量をマウスの体重に換算して「おやつ」として投与すれば、「善玉菌（ビフィズス菌・乳酸菌）」と「日和見菌（バクテロイデス）」、また「悪玉菌（クロストリジウム）」とのバランスが改善され理想的な腸内フローラの黄金比率（2：7：1）に近くなり腸内環境が良好となる。さらに日和見菌（バクテロイデス）は「痩せ菌」とも呼ばれ、この増加は体重減少につながるなど、マウスと同じ哺乳動物のヒト（若い女子）の「ダイエット」にも期待ができる。

　これらの機能性とコスパをも含め、「シールド乳酸菌チョコ」は痩せる乳酸菌チョコとして、私的には「ダイエット」を目指す「若い女子」に絶対お薦めする。

今後の展開

　機能性をもつ乳酸菌チョコを口にすれば腸内フローラが改善され「ダイエット」につながる。ヒトと同じ哺乳動物であるマウスを使用した研究には意義があると考える。

　今後は製菓メーカーの乳酸菌チョコでは無く、手作りした最強の乳酸菌チョコから腸内フローラの改善を追求していきたい。

〔謝　辞〕

　今回、終始ご指導をいただいた山村国際高等学校生物部の祝弘樹先生と天野誉先生に感謝の意を表します。なお生物部の研究は、（公）武田科学振

興財団の「（2019 年度）高等学校理科教育振興助成」に採択され研究費の支援を受けております。この場をお借りしてお礼申し上げます。

〔参考文献〕

1)　山村国際高等学校生物部「ペーパーディスク法を使用した天然防腐剤の抗菌効果の測定」第 4 回坊っちゃん科学賞（東京理科大学理窓会）（2012）
2)　山村国際高等学校生物部「ソックスレー法を使用した天然防腐剤の抗菌成分量の比較」第 5 回坊っちゃん科学賞（東京理科大学理窓会）（2013）
3)　山村国際高等学校生物部「なぜ「本わさび」の抗菌効果は高いのか」第 12 回　神奈川大学全国高校生理科・科学論文大賞（神奈川大学）（2014）
4)　山村国際高等学校生物部「天然食品「マヌカハニー」の絶大な抗菌効果」第 13 回　神奈川大学全国高校生理科・科学論文大賞（神奈川大学）（2015）
5)　山村国際高等学校生物部「マヌカハニー（抗菌性蜂蜜）の抗菌効果のすごさ」第 14 回　神奈川大学全国高校生理科・科学論文大賞（神奈川大学）（2016）
6)　山村国際高等学校生物部「マヌカハニーのマウス腸内フローラにおよぼす影響」日本農芸化学会（札幌大会）ジュニア農芸化学会 2016 高校生による研究発表会（金賞受賞）（2016）
7)　山村国際高等学校生物部「マウス腸内フローラから観察したマヌカハニーの機能性」第 6 回　高校生バイオサミット in 鶴岡（農林水産大臣賞受賞）（2016）
8)　山村国際高等学校生物部「マウス腸内フローラから健康食品の機能性を探る」第 7 回　高校生バイオサミット in 鶴岡（審査員特別賞受賞）（2017）
9)　山村国際高等学校生物部「マウス潰瘍性大腸炎モデルから観察したマヌカハニーの機能性」第 8 回高校生バイオサミット in 鶴岡（審査員特別賞受賞）（2018）
10)　たべるシールド乳酸菌シリーズ　森永製菓：morinaga.co.jp
11)　日本クレア：clea-japan.com
12)　チョコレートでとる乳酸菌「化学と生物」56（1）2018
13)　東京実験動物：kwl-a.co.jp
14)　テクノスルガ・ラボ：tecsrg-lab.jp
15)　ジェフリー・ゴードン他「肥満に付随してみられるエネルギー回収能力の高い腸内細菌」ワシントン大学 Nature 444（2006）
16)　「常在細菌叢が操るヒトの健康と疾患」実験医学　32（5）（2014）
17)　「腸内細菌と臨床医学」別冊・医学のあゆみ（2018）

●
努力賞論文

受賞者のコメント

コロナ渦での研究を仲間が支えてくれた

●山村学園　山村国際高等学校　生物部

　2年　稲田　未来

　生物部では6回目の論文大賞の受賞となる。そして私は初めての受賞で大変嬉しく、また光栄に思う。この研究の原点は、1年生部員のときに市販の乳酸菌チョコレートの機能性をポスターにして発表したことである。しかし発表内容は、数種類の乳酸菌チョコレートを普通マウスに投与したものの、大幅な体重減少は見られなかった。そこで、今回は普通マウスに高脂肪飼料を与え、肥満マウスにしてから乳酸菌チョコレートの機能性を検証した。新型コロナウイルスの感染拡大の影響で、時間に制約があったが立派な成果を残すことができた。今後も、ダイエットに悩みを持つ女子の味方として研究を継続したい。

　最後にコロナ禍の中、支えてくれた部員、そしてアドバイスを下さった顧問の祝先生、天野先生ありがとうございました。

指導教諭のコメント

地道な実験を繰り返した結果

●山村学園　山村国際高等学校　生物部顧問　祝　弘樹

　稲田さん、受賞、おめでとう！稲田さんは食品関係の進路を考えている。本人の興味もあり、乳酸菌チョコレートのダイエット効果を観察するために、動物実験を駆使し、1年次から勢力的に研究を展開してきた。地道な実験を繰り返し、昨年度はポスター発表の機会を度々得ることができた。実験だけではなく、自身の研究を説明し、質疑応答の中から学び、研究をブラッシュアップしてきた。今年度は、オンラインでの発表で頑張った。部長としても生物部をまとめながら、年次の研究に実験を追加することができたので、本論文を完成させることができたと思う。今後も生物部の活動を継続しながら、希望する大学への進学の道を切り開いてもらいたい。

●
努力賞論文

未来の科学者へ

乳酸菌を材料にしたのは柔軟な発想だ

　肥満と腸内細菌叢の関係は、最近のホットな研究テーマの1つである。本研究の出発点に「・・・女子のチョコレートに乳酸菌を添加した乳酸菌チョコレートを口にすれば（中略）腸内フローラの改善が進行してダイエットにつながると考え・・・」とあり、その着眼点に若者らしさを感じた。乳酸菌ならすぐにヨーグルトを思い浮かべそうだが、いつでも手軽に食べられるチョコレートに含まれる乳酸菌を材料にした点は柔軟な発想である。結果では、マウスを用いて乳酸菌入りチョコレートを間食として与えることで肥満を改善する効果があり、それに相関して糞便の状態、細菌種に違いが見られたことには驚いた。研究の発展には第三者からの評価を受け、それに基づいて改善していくことが重要である。その点からも、本研究は昨年発表した研究に対する審査員からの指摘を受けて実験計画を見直して行われたことは評価される。また、予期せぬコロナ禍にあって多くの制約を受けながら、時間のかかる動物実験を粘り強くつづけた努力の姿勢が素晴らしいと感じた。一方、今後の展望については新しい研究に発展することは大切だが、実験を見直してみることで足りなかったことや新たに確かめるべき実験が浮かび、それらを再度検証することで研究の確かさを増すことも重要である。今後の改善点を挙げるとすれば、対照群の設定をもっと考えるとよかった。例えば、高脂肪食を通常食に戻したときに「普通体に戻ったと考えた」とあるが、普通食を同期間食べさせた対照群を用意する必要があった。また、乳酸菌入りチョコレートの与える量の違いで効果に差が出るかを確かめることも必要である。さらに、今回摂取させたヒト由来乳酸菌がマウスの腸内で生き続けていたことを証明できればより説得力が増すであろう。今後の研究の発展を期待している。

（神奈川大学理学部　准教授　藤原　研）

●

努力賞論文

深層強化学習モデルにおける
報酬設定の自動化に挑む

（原題）自発行動を可能にする強化学習モデルの開発と、
それを応用した行動抽象化による不可能であった学習を可能にす
るモデルの提唱

広尾学園高等学校
２年　佳元 貴紀

●

研究背景 / 目的

　現状深層強化学習は報酬を手動で設定するモデルしか存在していない。報酬の設定方法が手動であると、報酬対象が固定的なものになってしまい汎用的なモデルを開発することは不可能になってしまう上に学習に、人間の関与が必要になり、独立で動作するモデルを開発することができない。そこで、深層強化学習モデルの複数種類のタスクに対する報酬設定の自動化を可能にし、汎用化を図る。

　また、人間が習得できるが深層強化学習モデルには習得できないタスクも現状では存在している。そこでシンギュラリティ（人工的に作られた知能が人間の知能を上回ること）の実現のためには、より高性能なモデルの開発も必要になってくる。そのために、先ほどのモデルを応用し、人間的な行動の抽象化を行いより難易度の高い（報酬が疎な）環境での学習を可

能する。それにより、より汎用的で人間的な機械学習モデルを作成することができるようにし、同時にシンギュラリティ達成への貢献を行う。

開発したモデルの概要

　ここでは、あるモデル（SODA）を開発しそれを応用したモデル（BAL）も開発をした。それぞれについて分けて、説明を簡略的に行う。

1　自発的報酬設定をできるモデル（SODA）の開発

　VAE[1] を利用し、エージェント（一般的にいう人工知能）が環境上で収集した入力情報を学習させ、潜在空間上に環境に存在するものに対応する潜在変数を割り当てる。それにより、ランダムで生成した値を潜在変数として、VAE 上でその潜在変数に対応する物体を報酬の対象（目標）として設定し、深層強化学習モデルを利用して学習を行う。わかりやすく図にまとめると次の**図 1** のようになる。

　それにより複数種類のタスクの目標設定を自発的に行うことにより、よ

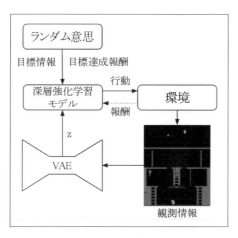

図 1　SODA のモジュールごとの役割と関係性

り汎用的な学習が可能になることが予測できる。そのモデルを「SODA」と名付けた。また、人間のようにここでおこなったランダムの目標設定に意味づけを行うことを可能にするために、次の**図2**のようなモデルも考えている。

2　SODAを応用した、行動の抽象化による従来より学習性能の高い深層

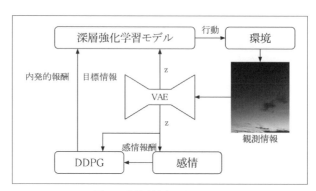

図2　感情を追加したSODA

強化学習モデル（BAL）の開発

　このモデルは、人間と同じように抽象的な目標を立て、その目標を徐々に具体化していく。それにより、行動の次元の時間的な圧縮などで高度なタスクを実行することが容易になることが予想された。これは、SODA以外のアルゴリズムの応用でそれを再現するのは不可能であると考え、SODAを応用しBALを開発した。次の**図3**のように、SODAの深層強化学習モジュールを何層も重ねた構造となっている。

　このように複数深層強化学習のモデルを重ねることにより一層ずつ行動を抽象化していく。そして、上の層を下の層よりタイムステップの進行速度を遅くすることにより、時間的な面で報酬が密になりより学習が容易になる。それにより、短いタイムステップでの瞬間的な処理を必要とするものはタイムステップの進行速度が速い下層が担い、長いタイムステップを要する遅い処理でも問題ないタスクをタイムステップの進行速度の遅い上層が担う形が構成され、効率的でより複数のタイプで難易度の高いタスク

も学習することができるようになると予測できる。本モデルを「BAL」と
名付けた。

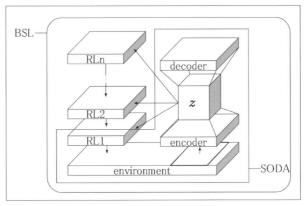

図3　BAL のモジュール概要

シミュレーション／検証結果

1　SODA の検証

　実際に深層強化学習モデルに DQN[2] を利用
し SODA を実装してみた。結果、予想どおり
次に QR コードから読み取れるの動画のよう
に、エージェントがマップ上で車を操作し、で
きる限り白い道路からはみ出ることを避けなが
ら、目標として設定した入力を入手できている
のが確認できた（**図4**）。

　動画中の左上の画像がエージェン対する視覚
入力の画像であり、その右隣が目標として設定
した視覚入力の画像である。

図4　SODA の学習結果の動画

2　BAL の検証

　一般的な DQN 単体では学習が不可能である環境を制作し、DQN に BAL を加えたモデルと DQN 単体での学習を比較してみたところ**図5**のグラフのようになった。

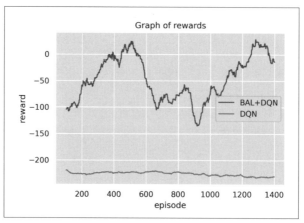

図5　BAL の獲得報酬の推移

　縦軸が獲得報酬でその数値が高いということはタスクを習得できているということを示し、横軸がエピソード数つまり学習回数になる。グラフから、DQN は獲得報酬が永遠に上昇しない（5000 エピソードまで確認した）が DQN に本論文で提唱する BAL を加えたモデルでは獲得報酬が増加し、DQN 単体と比べ圧倒的に高いスコアを叩き出せていることが読み取れる。実際に学習をした結果が**図6**の QR コードから読み取れる動画だ。

図6　BAL の学習結果の動画

　ここでは 300steps 程度の時間を要するきわめて報酬がまれな環境で車を操作し、灰色の地点まで到着するというタスクを学習した。成功率が低めではあるが、まったく成功しない DQN と比較したら高い性能であるのは

明らかだ。これにより予想通り BAL を導入することで、より高性能な深層強化学習モデルを制作することができるとわかった。またこの結果からBAL を追加すると、従来よりかなり高い性能を発揮できる可能性があることがわかったことから、現状最も性能の高いとされる agent57[3] などにBAL を追加することにより現状世界最高の性能を誇るモデルを開発できる可能性があると予測できる。

・今回検証で利用したプログラムコードは以下の QR コード（**図7**）に掲載してある。

図7　プログラムデータ

結　論

　本研究で開発した SODA により、自発的に機械学習モデルが報酬の獲得対象、つまり人間で言う目標を設定をすることが可能になり、汎用化を図ることができた。それと同時に SODA を応用した BAL というモデルを開発したことにより、従来不可能であったような高難易度のタスクをこなせるようになる可能性が見えてきた。

〔参考文献〕

1) TOMCZAK, Jakub; WELLING, M ax. VAE with a VampPrior.
   In: International Conference on Artificial Intelligence and Statistics. 2018.
   p. 1214-1223.

2) MNIH, Volodymyr, et al. Playing atari with deep reinforcement learning.
   arXiv preprint arXiv:1312.5602, 2013.

3) BADIA, Adri`a Puigdom`enech, et al. Agent57: Outperforming the atari
   human benchmark. arXiv preprint arXiv:2003.13350, 2020.

●
努力賞論文

受賞のコメント

受賞者のコメント

モデルを自作することに興味

●広尾学園高等学校　2年　佳元　貴紀

　幼いころから脳科学などに興味があり、中学生の間に論理回路やプログラミングに興味を持ったことをきっかけに、機械学習に興味をもつようになった。その際、あえて機械学習の知識なしの状態で、オセロAIを作りたいと思い、オリジナルのアルゴリズムなどを作ったのがかなり面白かったため、モデルを自作することに興味をもつようになった。実際に脳の構造を参考にし、アルゴリズムを試行錯誤しながら今回のような研究成果が得られ、それを発展させ多くのものを生み出すことができた。レポートの作成や昔からの、研究への姿勢をしっかり教えてくださった先生方に、感謝の意を示したい。

指導教諭のコメント

中学からやってきた研究活動が実を結んだ

●広尾学園高等学校　教諭　外丸　隆央

　広尾学園の医進・サイエンスコースでは、中学の頃に授業で研究を行っていた。彼は錯視立体について研究をしており、専門書や論文を読んだりベクトル幾何を学んだりしていた。情報技術研究部に所属していて、プログラミング技術にも長けており、研究に役立てていた。高校からは研究活動が任意活動となり、もともと興味のあったAIについての研究を始めた。私から指導教官として特別に指導したことはなく、中学からやってきた研究活動で培った研究に対するマインドがあったからこそ、「努力賞」という素晴らしい賞をいただけたと思う。世の中を変えるような研究成果を期待する。

●
努力賞論文

未来の科学者へ

難しくチャレンジングであり、とても面白い研究テーマだ

　「人工知能（Artificial Intelligence: AI）」という言葉が使われるようになったのは、1956年に開催された研究発表会（ダートマス会議）からとされている。ダートマス会議から60年以上経過するが、他の研究分野と比べると、それでもまだ人工知能は比較的新しい学問分野である。これまでに人工知能の研究は、ブームと冬の時代を繰り返し現在に至っている。現在は、ディープラーニングの登場により、第3次人工知能ブームと言われており、目覚ましい発展を遂げる一方で、解決が困難な問題も数多く残されている。

　このような背景のもと、本研究では、人工知能が自発行動を行うことができないという難しい課題に取り組んでおり、非常にチャレンジングな面白い研究テーマである。本論文では、人工知能が自主的な目標設定・学習ができないという問題に対して、新たなモデルを提案し、実験により提案モデルの有効性を検証している。間違いなく高校生としてはハイレベルな部類の研究であり、高く評価したい。科学においては、実験データが極めて重要であり、実験から得られた結果に対して、何故そのような結果になったのかを考察する必要がある。しかしながら、その考察が若干甘く、本研究の新規性や有用性が十分に伝わらなかったのは少し残念な点である。そのため、結果を裏付けるデータを丁寧に示しながら、提案モデルの利点を主張することで、読み手側の理解にもつながり、より良い論文になることだろう。また、今回は簡略化された環境での実験しか行っていないが、今後はより現実的で複雑な環境下での実験を進め、その研究成果を期待したい。

　著者は科学者として将来有望な人材であると確信し、学術界で活躍することを楽しみにしている。

（神奈川大学工学部　教授　能登　正人）

● 努力賞論文 ●

植物の葉の付き方「葉序」が
展開能に優れている理由

（原題）葉序を収納に応用する

東京都立武蔵高等学校
1年　松尾 瑠璃子

研究目的と研究方法

1　研究目的

　中2で取り組んだ個人研究の中で、植物の葉の付き方「葉序」が展開能に優れているということを知り、興味をもった（野島 2006）。それを収納に応用することで、災害時などに効率的に物資を輸送したり、現地で再び使用できるようにしたりするなどでドローンを用いた無人配達など日常生活にも応用できると考えた。

2　研究方法

　今回は2つの実験を行った。

　1つは葉序を収納に応用する利点について検討した。具体的には実際に葉序を展開図に取り入れた円筒ねじり折りが、どの程度体積を削除できるか、また、葉序の値による違いについても考察した。

　葉序とは前述したように「植物の葉の付き方」のことであり、Y/X の形で表す。起点となる葉を0枚目としたとき、茎に対してその葉と同じ角度

で付いている X 番目の葉を「X」と呼び、その葉に到達するまでに他の葉が茎の周りを何周したかを「Y」で示す。

以前に行った実験では、葉序を表した数字の分母（以下数 X とする）が大きいほど葉に日光が当たりやすく、植物に適していることがわかった。よって数 X が大きいほど収納においても多くの利点があると考えた。

もう１つの実験では、折り畳んだ円筒の強度を調べ、輸送などの実際の生活に適用できるかを考察した。

研究内容

1 「円筒ねじり折り」とは

２つ前の項と１つ前の項を足し合わせていく「フィボナッチ数列」は 0, 1, 1, 2, 3, 5, 8, 13, 21…と続くが、葉序を表すときに使う２つの数は１つ飛ばしの数の組み合わせになっている。円筒ねじり折り ¦以下円筒ねじりした円筒を円筒（作）とする¦ とは筒状の紙をねじるように折り畳むことで、その展開図は平行四辺形になる。また、この畳み方では、折り目はつくものの広げたときにもとの形に戻り、そのものの機能が失われない。

2 【実験１】体積をどれだけ減らせるか

今回は３つの葉序 1/3 葉序、2/5 葉序、3/8 葉序を用いて展開図をつくり、円筒（作）を作成した。実験は以下の手順の様になる。

①展開図を作り円筒を折り畳む

円筒（作）の展開図にはいくつか満たさなければならない式があることが知られているが、今回は葉序を示す値を代入した。展開図である平行四辺形の底辺は 240 mm に、潰す前の円筒の高さは 90 mm に統一した（**写真1**）展開図によって作成した円筒（作）が**写真2**である。**写真2（b）**には折り畳んだ状態を示した。左から列ごとにそれぞれ、1/3 葉序、2/5 葉序、3/8 葉序の円筒（作）であり、作成順に①〜③とした。

②体積をはかる

写真1　展開図の例　2/5 葉序

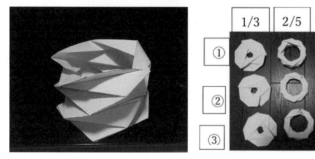

写真2(a)　折り畳む前の円筒（作）　　写真2(b)　折り畳んだ円筒（作）

　　まず底面積を求める。底面積は**図1**の外側の長方形のように、畳んだものが内接する長方形を考えた。輸送する際に必要とする空間を調べるためだ。

　　次に、体積を求めるために厚さを測定した。このとき、糊付けしたところを避け、もっとも厚いところを計測し、紙だけで畳んだ時の厚さがわかるようにした。このようにして求めた底面積と厚さから求めた体積が**表1**である。

図1　面積を求めるときの長方形

③折り畳む前の円筒の内容量を求める

　　円筒は底面の円周が 240 mm、高さは 90 mm である。この円筒が収まる最小の四角柱の体積 V mm³ は、

$$(240^2/\pi^2) \times 90 = 525249.01600187\cdots$$

$$\fallingdotseq 5.3 \times 10^5 \;(\mathrm{mm}^3)$$

である。

最後に**表1**の値が、$V\;\mathrm{mm}^3$ の何％かを葉序ごとに求め、比較したものが**図2**である。

表からは、数 X が大きいほど収納に必要とする面積は減るが、体積は逆

表1　円筒（作）の底面積と体積

	底面積[mm²]			体積[mm³]		
	①	②	③	①	②	③
1/3葉序	8300	8400	8400	4300	4300	4500
2/5葉序	6800	6700	6600	5900	5400	5000
3/8葉序	6000	5900	6000	7900	8300	7800

に大きくなることがわかった。**図2**からも同様に、1/3 葉序と 3/8 葉序ではおよそ 0.68 ％と差が顕著であるが、どの葉序でも元の円筒に対する体積の割合は 2% 未満になることがわかった。

3　【実験2】円筒ねじり折りの強度

1 種類の葉序について円筒（作）が輸送などに適用できるか検証した。強

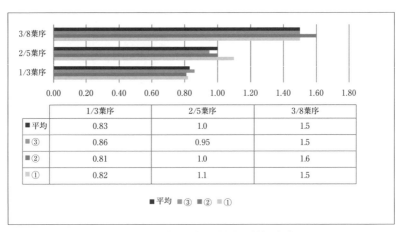

図2　元の円筒に対する体積の割合（％）

度を確かめるために箱に円筒（作）を入れ、上から分銅を載せることで圧力をかけた。比較として空の箱とただの円筒が入っている箱についても強度を確かめた。今回は2/5葉序を実験に用いた。

①箱をつくる

　円筒の形を変えずに入れ、かつ、災害時に物資を送る際には複数入れることを想定し、円筒（作）が3個ずつ入るように、縦84 mm、横84 mm、高さ30 mmの箱を作った。円筒は同じ高さのものを1つずつ入れた。また、円筒（作）や、ただの円筒に側面から力がかかるよう**写真3**の向きで入れた。

②箱に実際に分銅を載せていく

　写真4のように箱の上に分銅の入った箱を置き、さらにその上に分銅を

写真3　ねじり折りを入れた箱

置いていった。分銅は10 g単位のものを使用したが、正確な値は実験後に、電子天秤を用いて測定した。

　3種類について7回ずつ実験を行った。各種類の箱が耐えられた重さの最小値、平均値、最大値をまとめると**図3**のようになる。

　図3から、円筒（作）が入っている箱がもっとも強度があり、次にただの円筒が入っている箱、空の箱の順に強度が減少していることがわかる。よって、円筒ねじり折りは強度を上げる上で有効であることが判明した。また、空の箱と円筒（作）が入った箱の強度を比較すると強度は約1.5倍であった。

写真4　実験の様子

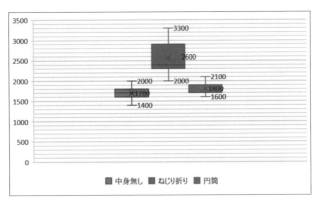

図3　箱が耐えることのできた重さ (gW)

研究結果と考察

1　結　論

　【実験1】から、円筒（作）はその体積を2％未満に小さくできることがわかった。また、数 X が大きいほど収納に必要な面積は小さくなる一方で、体積は大きくなることがわかった。

　さらに、【実験2】から、円筒ねじり折りはそれを入れた箱の強度を上げることがわかった。つまり円筒ねじり折りは、重ねて輸送できるという利点がある。

今後の課題

　今回の実験結果を体積という視点で考えると、数 X が小さいほど収納に適しているといえるが、強度の面については断言できない。物資の輸送では重ねることも十分に考えられる。よって今後は、どの値の葉序が、より輸送に適しているのか調べていきたい。また、この実験は植物の良さを生かすバイオミメティクスの観点から始めたが、さらに、植物の展開能の活躍の場を模索していきたい。

　今回は紙で作成したが、物資の輸送や円筒としての活用を想定し、他の素材でも調べてみたい。また、展開図に代入した任意の角度による強度の違いを構造力学など物理的な視点からも検証したいと考えている。

〔謝　辞〕

　今回の研究の際に、ご指導していただいた明治大学知財戦力機構特任教授萩原一郎先生、東京都立武蔵高等学校物理担当教諭矢野満智子先生をはじめ、この研究を支えてくださった方々に感謝申し上げます。

〔参考文献〕

1)　佐藤さとる「『明治大学研究・知財戦略機構萩原一郎特任教授に聞く「日本の伝統技術オリガミを最先端工学に変えよ！」』＜www.biglife21.com/society/5086＞
2)　野島武敏「プラントミメティックス　植物に学ぶ」NTS（2006.8.18）
3)　野島武敏、萩原一郎「折紙の数理とその応用シリーズ応用数理」共立出版2012.09)
4)　Yuji Fukami（AERO_IKI@HPA&ORIGAMI)「円筒ねじり折の展開図計算方法」
　　＜http://blog.livedoor.jp/aero_iki/archives/20109266.html＞

●
努力賞論文

受賞のコメント

受賞者のコメント

自然災害時に苦しむ人々に
何かできないか

●東京都立武蔵高等学校　1年　松尾　瑠璃子

　今回、このような賞をいただけたことを大変光栄に思う。

　元々植物に興味があり、中学校2年生から植物をテーマに個人研究を始めた。その際に読んだ文献がきっかけとなり、近年頻発する自然災害時に苦しむ人々に何かできないかと考える中で、現地により早くたくさんの物資を届けることができるのではないかと考えこの研究を始めた。

　実際に実験を始めてみると、円筒ねじり折りを制作するのに一番苦労した。展開図を作ることが特に難しく、計算はもちろん、紙に描く時に誤差がでたり、折る時に角が潰れてしまったりした。そんな時にいろいろな方の助言に救われ、人の繋がりも感じることができた。協力してくださった方々に感謝したい。

指導教諭のコメント

研究にかける『想い』を大切にしてほしい

●東京都立武蔵高等学校・附属中学校　主任教諭　矢野　満智子

　松尾さんは、フィボナッチ数列と「葉序」の関係についての課題研究に取り組む中で『展開能』に注目した。さらに持続可能な社会の実現に向けて模索する中で、「安心・安全な社会」、「震災に強い社会」の実現に着目するようになった。

　本研究は、この2つの視点が彼女の中で結実したものだといえる。『コンパクトに折りたたむことで優れた収納を追求し、物資の運搬を容易に、安全かつ早急な支援物資の供給を可能にすることに応用したい。』という長期的な目標は、SDGsの目標にも一致し現代社会の目指すところでもある。研究姿勢も丁寧で再現性など、さまざまな影響を配慮しながら進めていた。研究にかける『想い』を大切に、将来研究の道を歩んでくれることを切に祈る。

●
努力賞論文

未来の科学者へ

今後重要性が高まってくる課題で、大きな伸びしろを感じる

　本研究では、「葉序」による展開能に着目し、実際に葉序を元にした円筒ねじり折りを作成し、収納性能を検証することで、その性能が格段に向上することを指摘している。持続可能な社会の実現に向けて、安心・安全な社会、災害と社会との向き合い方が検討される今の世の中で本研究テーマの着眼点は重要だと思われる。本研究は継続研究のようだが、元々の興味の出発点がフィボナッチ数列と葉序の関係という一見すると災害などとは無関係に思える研究テーマを、収納性能という実際の生活に密着し、さらには災害対応などへの応用性もある研究テーマに落とし込んでいる点で大変興味深い。実際の研究の現場においても、一見無関係に見える他分野の知識が研究の進展に重要な役割を演じることは多くあり、既に研究を行う上で最も重要な部分を獲得している応募者の将来を楽しみに感じる。

　あえてコメントをするならば、本研究では定性的な議論もなされているが、応募者自身も指摘しているとおり、データ取得において個体差や測定回数の少なさからくる誤差が大きく、定量的な解析が十分ではなかった点が残念であった。また、実験による検証を行う前に可能であれば簡便なモデルをたて、数値的な予言を行った上で実験を行うことができればより良い考察ができたのではないかと思う。実験を実施できず、予想の提示のみで終わってしまっている課題もいくつか残されており、大きな伸びしろを感じる。本研究課題は持続可能な社会の実現に直結しており、今後その重要性が高まってくる課題であり、応募者には世の中の役に立つ研究に興味を持ち続けてもらえると嬉しい。今後のさらなる研究発展を期待したい。

（神奈川大学工学部　特別助教　山内　大介）

努力賞論文

$S_1{}^2 = S_3$ のような 「美しい関係式」はなぜ成り立つのか!?

（原題）"自然数の累乗和"の累乗公式
―図形の入れ子構造を利用した公式生成アルゴリズム―

滋賀県立彦根東高等学校
３年　中井 平蔵　田井中 伊吹　二宮 康太郎　吉川 雄紀

はじめに

　n, p を自然数とするとき、$S_p[n] = 1^p + 2^p + \cdots + n^p$ を自然数の p 乗和と呼び、それらの総称を自然数の累乗和と呼ぶ。以下、和の項数 n を明示する必要がないときは、単に $S_p[n] = S_p$ で表わす。高校の「数学 B」の教科書では、$p = 1, 2, 3$ のときの和が、それぞれ n に関する以下の多項式で表わされることを学ぶ。これらは、$(k+1)^{p+1} - k^{p+1}$ の展開式の両辺を $k=1$ から n まで足し合わせることで導かれる。

$$S_1 = \frac{1}{2}n(n+1), \quad S_2 = \frac{1}{6}n(n+1)(2n+1), \quad S_3 = \left\{\frac{1}{2}n(n+1)\right\}^2$$

式の形から、

$$S_1{}^2 = S_3 \quad \cdots ①$$

という関係が成り立つが、教科書ではその図形的な背景などには触れられていない。私たちは、どうして①のような美しい関係式が成り立つのか、

他にもこのような関係式が存在するのかという疑問を持ち、この研究を始めた。本研究では、証明は後述するが、

$$S_1{}^2 = S_3, \quad S_2{}^2 = \frac{1}{3}S_3 + \frac{2}{3}S_5, \quad S_5{}^2 = -\frac{1}{6}S_7 + \frac{5}{6}S_9 + \frac{1}{3}S_{11}$$

のように、$S_p{}^2$ を他の累乗和の一次結合で表わしたものを、自然数の累乗和の平方公式と呼び、$S_p{}^3$ を他の累乗和の一次結合で表わしたものを、自然数の累乗和の立方公式と呼ぶ。一般に、自然数 m に対して、$S_p{}^m$ を他の累乗和の一次結合で表わしたものを、自然数の累乗和の m 乗公式と呼び、それらの総称を自然数の累乗和の累乗公式と呼ぶ。本研究は、図形的なアプローチにより、自然数の累乗和の累乗公式を生成するアルゴリズムを提案するものである。

関係式 $S_1{}^2 = S_3$ の図形的考察

　本研究では、まず関係式①の図形的な意味を考察し、その過程で、これを一般的な累乗和に関する公式の生成に応用することを考える。**図1**の一番左側の図において、もっとも右側の長方形は幅が n、高さが n^2 であり、その面積は n^3 である。したがって、図の n 個の長方形の面積の和は、$S_3 = 1^3 + 2^3 + \cdots + n^3$ となる。これらの長方形の列は、図1のように、ある高さで分割し切込みを入れて折り曲げ、水平になったところで下方に平行移動することにより、1つの正方形に変形することができる。

　図1の一番右側の正方形の一辺の長さは、$1 + 2 + \cdots + n = S_1$ であり、その面積は、$S_1{}^2$ である。したがって、関係式①が成り立つことが、図形的に確かめられた。それでは、次に、n 個の長方形の列をこのようにうまく折りたたむことができる分割の仕方について考察する。

　図1の k 番目の長方形に関して、$k^2 = f(k) + f(k-1)$ をみたす多項式 $f(k)$ を求めると $f(k) = \dfrac{k(k+1)}{2}$ となり、この $f(k)$ に関しては、$f(k) - f(k-1) = k$ が成り立つ。したがって、**図2**のように、k 番目の長方形を高さが $\dfrac{k(k+1)}{2}$ のところで分割し、折り曲げてかぎ型をつくると、かぎ型の内側

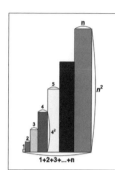

図1　S_3 を表す長方形は、ある高さで分割し、折り曲げ、下方に平行移動することにより 1 つの正方形にできる

の辺の長さは、$\dfrac{k(k-1)}{2}$ となり、これは k-1 番目の長方形から作られるかぎ型の外側の長さと一致する。よって、k-1 番目の長方形から作られるかぎ型は、k 番目の長方形から作られるかぎ型の内側にぴったりと入り込むことになる。ここでは、このような構造をかぎ型の入れ子構造と呼ぶ。すなわち、図 2 の分割によって作られるかぎ型は入れ子構造をもち、n 個の長方形は最終的に 1 つの正方形を形作り、図 1 のような変形ができるのである。本研究では、このかぎ型の入れ子構造に着目し、自然数の累乗和に関する公式の生成に利用する。

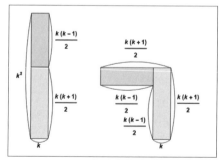

図2　入れ子構造をもつかぎ型への変形

かぎ型の一般化と公式生成のアルゴリズム

　図3左図は、p, q を自然数とし、2辺の長さが $\{k^p, S_q[k]\}$ および $\{k^q, S_p[k]\}$ である2つの長方形で構成されるかぎ型である。内側の2辺の長さは、それぞれ $S_p[k-1]$, $S_q[k-1]$ となるため、このかぎ型は p, q の値にかかわらず常に入れ子構造をもつ。図3右図は、このタイプのかぎ型を $1 \leqq k \leqq 10$ について10個描画したものであり、最終的に1つの長方形を形作ることがわかる。

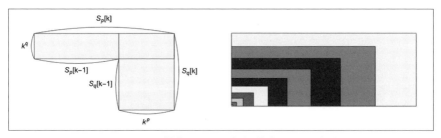

図3　入れ子構造をもつかぎ型で構成される長方形

　かぎ型の面積は、これを構成する2つの長方形の面積の和から重なった部分の面積を引けば得られ、$1 \leqq k \leqq n$ としたとき、最終的な長方形の面積に関して、

$$S_p[n]S_q[n] = \sum_{k=1}^{n} \left(k^p S_q[k] + k^q S_p[k] - k^p k^q \right)$$

が成り立つ。これを用いると、次のアルゴリズムで自然数の累乗和に関する2次の公式を得ることができる。

　【結果1】は、このアルゴリズムを数式処理ソフト *Mathematica* で実装し、p=q の場合である自然数の累乗和の平方公式を $1 \leqq p \leqq 10$ に対して出力したものである。平方公式の中には、S_5 と S_7 の平均が $S_3{}^2$ になるという興味深いものも存在する。

Algorithm 1 Formula2D

Input：p, q	// 自然数
Output：$S_p S_q = a_1 S_{r_1} + a_2 S_{r_2} + \cdots$	// $S_p S_q$ を他の自然数の累乗和の有限個の一次結合で表した公式

1: **function** Formula2D(p, q)
2: 　$F_1 \leftarrow Expand\big(k^p S_q[k] + k^q S_p[k] - k^p k^q\big)$　// 右辺に $S_p[k], S_q[k]$ を代入し，展開して k の多項式にする
3: 　$F_2 \leftarrow Replace(F_1, k^j \rightarrow S_j)$　　// 多項式 F_1 の k^j の項を S_j で置き換える
4: **return** $S_p S_q = F_2$　　　　　// 公式を出力

アルゴリズム

$$S_1^2 = S_3$$
$$S_2^2 = \frac{1}{3}(S_3 + 2S_5)$$
$$S_3^2 = \frac{1}{2}(S_5 + S_7)$$
$$S_4^2 = \frac{1}{15}(-S_5 + 10S_7 + 6S_9)$$
$$S_5^2 = \frac{1}{6}(-S_7 + 5S_9 + 2S_{11})$$
$$S_6^2 = \frac{1}{21}(S_7 - 7S_9 + 21S_{11} + 6S_{13})$$
$$S_7^2 = \frac{1}{12}(2S_9 - 7S_{11} + 14S_{13} + 3S_{15})$$
$$S_8^2 = \frac{1}{45}(-3S_9 + 20S_{11} - 42S_{13} + 60S_{15} + 10S_{17})$$
$$S_9^2 = \frac{1}{10}(-3S_{11} + 10S_{13} - 14S_{15} + 15S_{17} + 2S_{19})$$
$$S_{10}^2 = \frac{1}{33}(5S_{11} - 33S_{13} + 66S_{15} - 66S_{17} + 55S_{19} + 6S_{21})$$

結果 1

かぎ型の 3 次元への拡張

　2 次元のかぎ型を 3 次元に拡張したものは、**図 4** 左図のような、三方が壁に囲まれた立体である。3 つの壁になる直方体の辺の長さをそれぞれ、$\{k^p, S_q[k], S_r[k]\}$ および $\{k^q, S_r[k], S_p[k]\}$ および $\{k^r, S_p[k], S_q[k]\}$ とすると、この立体は 2 次元のかぎ型と同様に、自然数 p, q, r の値にかかわらず、k に関して入れ子構造をもつ。図 4 右図はこのタイプの立体を $1 \leqq k \leqq 10$ について 10 個描画したものであり、最終的に 1 つの直方体を形作ることがわかる。

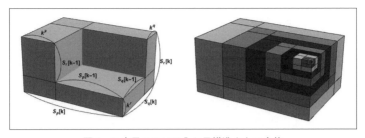

図4　3次元における入れ子構造をもつ立体

　図4の立体の体積は、これを構成する3つの直方体の体積の和から、集合の包除原理を用いて、重なった部分の体積を除けば計算することができる。$1 \leqq k \leqq n$ としたとき、最終的な直方体の体積に関して、

$$S_p[n]S_q[n]S_r[n] = \sum_{k=1}^{n} \left(k^p S_q[k]S_r[k] + k^q S_r[k]S_p[k] + k^r S_p[k]S_q[k] - k^p k^q S_r[k] - k^q k^r S_p[k] - k^r k^p S_q[k] + k^p k^q k^r\right)$$

が成り立つ。アルゴリズムの2行目で上式を利用すれば、自然数の累乗和に関する3次の公式を得る。【結果2】は、p=q=r の場合である自然数の累乗和の立方公式を $1 \leqq p \leqq 10$ に対して出力したものである。

$$S_1^3 = \frac{1}{4}(S_3 + 3S_5)$$

$$S_2^3 = \frac{1}{12}(S_4 + 7S_6 + 4S_8)$$

$$S_3^3 = \frac{1}{16}(3S_7 + 10S_9 + 3S_{11})$$

$$S_4^3 = \frac{1}{300}(S_6 - 20S_8 + 88S_{10} + 195S_{12} + 36S_{14})$$

$$S_5^3 = \frac{1}{48}(S_9 - 10S_{11} + 21S_{13} + 32S_{15} + 4S_{17})$$

$$S_6^3 = \frac{1}{588}(S_8 - 14S_{10} + 91S_{12} - 282S_{14} + 357S_{16} + 399S_{18} + 36S_{20})$$

$$S_7^3 = \frac{1}{192}(4S_{11} - 28S_{13} + 105S_{15} - 184S_{17} + 154S_{19} + 132S_{21} + 9S_{23})$$

$$S_8^3 = \frac{1}{2700}(9S_{10} - 120S_{12} + 652S_{14} - 2040S_{16} + 4104S_{18} \\ -4640S_{20} + 2760S_{22} + 1875S_{24} + 100S_{26})$$

$$S_9^3 = \frac{1}{400}(27S_{13} - 180S_{15} + 552S_{17} - 1110S_{19} + 1452S_{21} \\ -1140S_{23} + 507S_{25} + 280S_{27} + 12S_{29})$$

$$S_{10}^3 = \frac{1}{1452}(25S_{12} - 330S_{14} + 1749S_{16} - 5016S_{18} + 9262S_{20} \\ -12282S_{22} + 11220S_{24} - 6468S_{26} + 2233S_{28} + 1023S_{30} + 36S_{32})$$

結果2

m 次元立方体のかぎ型への分割

　2次元と3次元で行った考察を、それぞれ p=q および p=q=r の場合である正方形、立方体に限定すると、面積および体積に関する関係式は、以下のようになる。

$$S_p{}^2 = \sum_{k=1}^{n}\left\{2S_p[k]k^p - (k^p)^2\right\} = \sum_{k=1}^{n}\left\{\,{}_2C_1 S_p[k]k^p - {}_2C_2(k^p)^2\right\}$$

$$S_p{}^3 = \sum_{k=1}^{n}\left\{3\left(S_p[k]\right)^2 k^p - 3S_p[k](k^p)^2 + (k^p)^3\right\} = \sum_{k=1}^{n}\left\{\,{}_3C_1\left(S_p[k]\right)^2 k^p - {}_3C_2 S_p[k](k^p)^2 + {}_3C_3(k^p)^3\right\}$$

　この式を一般化し、自然数 m（m ≧ 2）に対して、m 次元空間における立方体をかぎ型に分割し、体積を求めることを考える。m 次元空間における立方体の体積は、$S_p{}^m$ であり、分割されるかぎ型は、1つの辺の長さが k^p、残りの m－1 個の辺の長さが $S_p[k]$ である m 個の合同な直方体で構成され、その体積は集合の包除原理を用いて、重なった部分を除けば求めることができる。

$$S_p{}^m = \sum_{k=1}^{n}\left\{{}_mC_1\left(S_p[k]\right)^{m-1}k^p - {}_mC_2\left(S_p[k]\right)^{m-2}(k^p)^2 + \cdots + (-1)^{m-1}{}_mC_m(k^p)^m\right\}$$

$$= \sum_{k=1}^{n}\left\{\sum_{j=1}^{m}(-1)^{j-1}{}_mC_j\left(S_p[k]\right)^{m-j}(k^p)^j\right\} \cdots ②$$

　アルゴリズムを少し変更して、自然数 p, m（m ≧ 2）を入力し、2行目で上式②を用いれば、自然数の累乗和の m 乗公式を出力することができる。【結果3】は、p=1, 2, 3 に対して、自然数の p 乗和の4乗公式から6乗公式までを出力したものである。

$$S_1^4 = \frac{1}{2}(S_5 + S_7)$$

$$S_2^4 = \frac{1}{54}(S_5 + 15S_7 + 30S_9 + 8S_{11})$$

$$S_3^4 = \frac{1}{16}(S_9 + 7S_{11} + 7S_{13} + S_{15})$$

$$S_1^5 = \frac{1}{16}(S_5 + 10S_7 + 5S_9)$$

$$S_2^5 = \frac{1}{1296}(5S_6 + 130S_8 + 561S_{10} + 520S_{12} + 80S_{14})$$

$$S_3^5 = \frac{1}{256}(5S_{11} + 60S_{13} + 126S_{15} + 60S_{17} + 5S_{19})$$

$$S_1^6 = \frac{1}{16}(3S_7 + 10S_9 + 3S_{11})$$

$$S_2^6 = \frac{1}{1296}(S_7 + 40S_9 + 301S_{11} + 602S_{13} + 320S_{15} + 32S_{17})$$

$$S_3^6 = \frac{1}{512}(3S_{13} + 55S_{15} + 198S_{17} + 198S_{19} + 55S_{21} + 3S_{23})$$

結果３

研究のまとめと今後の課題

　本研究では、$S_1^2 = S_3$ の図形的考察から出発し、かぎ型の入れ子構造を高次元に一般化することにより、自然数の累乗和の累乗公式を得ることができた。今後の課題としては、本研究で考察した２次元のかぎ型は、**図5**のように、構成する２つの長方形の２辺の長さを一般の関数を用いて $\{f[k], \sum g[k]\}$，および $\{g[k], \sum f[k]\}$ と一般化することができる。関数 $f[k]$，$g[k]$ を工夫することにより、どのような公式が生成されるのかを考察したい。

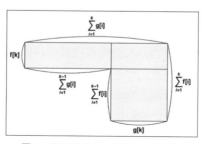

図5　辺の長さを一般化したかぎ型

●
努力賞論文

受賞のコメント

受賞者のコメント

研究のきっかけは授業での疑問

●滋賀県立彦根東高等学校　SS クラス
　数学グループ　3 年　中井 平蔵

　今回努力賞を頂けて大変光栄に思う。この研究は、数学 B の授業での疑問から始まった。自然数の累乗和間の関係式を、入れ子構造を持つかぎ型を利用して求めるというものである。複雑な関係式も図形を用いることで、とても簡単に求められることに感動した。3 次元のかぎ型においても、数式処理ソフト *Mathematica* を用いて視覚的によりわかりやすく自分たちのアイデアを表現することができた。メンバーのそれぞれの得意分野を生かせたことが成果につながったと思う。また、研究内容だけでなく、研究発表の仕方なども指導してくださった高橋先生に大変感謝している。この研究でさまざまなことを学ぶことができた。今後は、この経験を最大限生かしていきたい。

指導教諭のコメント

アイデアが形になることの楽しさを生徒たちは学んだ

●滋賀県立彦根東高等学校　教諭　高橋 英和

　今回努力賞をいただいた SS クラス数学グループは、2 年次から授業の一環として取り組む科学探究の研究グループである。研究期間はほぼ 1 年間で、部活動のように複数年にわたる研究はできず、週 2 時間の限られた時間の中でテーマを設定し、活発に議論を交わし、自分たちのアイデアを形にすることができた。授業で学習した自然数の累乗和の公式 $S_1^2 = S_3$ を出発点とし、図形の入れ子構造を利用したアルゴリズムでこれと類似の公式を生成することに成功した。実際に数式処理ソフトで実装し、出力してみると今まで見たこともないきれいな公式が多数出力され、達成感と感動を味合うことができた。この感動を胸に、今後も自分たちの研究に励んでもらいたい。

努力賞論文

未来の科学者へ

素朴な話題から新たな視点を見出した成果

　自然数の1から100までの和を求める宿題に対して瞬時に答えを出したというガウスの逸話は有名である。今では高等学校の「数列」という単元において1から任意の自然数 n までの和を求める公式を学ぶ。次に気になるのは1から n までの自然数を2乗してすべてを足すとどうなるかということであろう。これについても高等学校で学ぶ。また、少し進んだ参考書などでは3乗の場合についても述べられている。これらの公式を眺めてすぐに気がつくのは、1から n までの自然数の和の2乗が1から n までの自然数の3乗の和に一致するということである。論文の著者である高校生達はこの関係に注目し、その背景を、図形を用いて理解することからはじめ、他にも同じような関係がないかを模索した。彼らはかぎ型の図形を巧みに用いることにより、この関係を含むさまざまな関係式を得るメカニズムを解明した。自然数の累乗の和、つまり、1から n までの自然数の p 乗の和、については、ベルヌーイ数を用いた公式が得られており、このトピックスについては完結しているようにも見えるが、彼らの研究はそれらの間の関係を図形的なアプローチで見つけるという新たな視点であり、素朴な話題から新たな視点を見出すことによって得られた成果と言える。また、彼らの研究はこれで完結しておらず、彼ら自身がさらなる拡張を課題として残している。これらの研究結果で得られるアルゴリズムについて彼らは数式処理システム「*Mathematica*」を用いて実装し、数々の関係式を導出している点も注目に値する。今後も、素朴な疑問を大切にして数学を学んでいくことを大いに期待している。

（神奈川大学理学部　准教授　松澤　寛）

「寺田寅彦にささげる」
線香花火の研究
（原題）線香花火の分析

仁川学院高等学校
2年　尾形 ララ

はじめに

　今から90年前、日本の物理学者、随筆家、俳人でもある寺田寅彦（1878-1935）は、線香花火の優美な世界に魅入られ、自ら線香花火の燃焼研究を行っていた―という。

　閑話休題―。

　昨年度、本校3年生の先輩が、フラッシュコットンの燃焼で何ができているのかを調べた[1]。その結果、フラッシュコットンの燃焼では、二酸化窒素などの窒素酸化物はできず、窒素ガスが生成していることがわかった。また、文献[2]では、アンモニアの爆発でも窒素酸化物はできず、窒素ガスができると報告されている。私はこれらを参考に、線香花火が燃焼したときの気体を調べてみたいと思った。

実　験

1　サンプル

　市販の線香花火10種と文献3に基づいて自作した線香花火をサンプルにした（**表1**）。線香花火にはスボ手と長手の2種類あるが、サンプルは長手でそろえた。

表1　市販線香花火　サンプル

	サンプル		価格(円)	1本あたり(円)	火薬(g)
A	満開牡丹	10本入り	82	8.2	0.11
B	雅（みやび）	20本入り	138	6.9	0.07
C	大玉線香花火	10本入り	210	2.1	0.1
D	純国産線香花火（蝶）	10本入り	225	2.3	0.15
E	純国産線香花火（柳）	8本入り	297	37	0.12
F	真田幸村　牡丹	18本入り	375	21	0.13
G	復元牡丹	18本入り	561	31	0.13
H	東の線香花火　長手牡丹	15本入り	600	40	0.1
I	牡丹桜	20本入り	1100	55	0.1
J	筒井時正　不知牡丹	15本入り	594	40	

　1本あたりの価格を比べてみると、A～Dは安く、E～Jは高く、2分される。表示された火薬の量はどちらも同じくらい。

　自作の線香花火は文献3に基づいて次のように作製した。

　原料を

　　硝酸カリウム　52 %

　　硫黄　　　　　34 %

　　油煙　　　　　14 %

の割合で量り取り、乳鉢に入れよくかき混ぜ火薬とした。半紙を2×15cmに切ったものに、火薬0.08 g置き、指でねじってこよりにした。

　油煙は、テレビン油10 mLと5 %酢酸水溶液10 mLを混合させた溶液を脱脂綿に浸み込ませ、ルツボに入れ、水を張った鍋の下で燃やし、鍋の底に煤を付着させ、薬さじでかきとって集めた。

2　火薬の質量

サンプルの線香花火5本の包装を手でほどき、5本分の火薬の質量をまとめて測定し、1本分の火薬の質量を求め、箱に表示された質量と比較した。

3　硝酸カリウム質量

火薬中の硝酸カリウムは次のように測定した。5本分の火薬に水40 mL加え、電動かき混ぜ装置で4分間撹拌し、ひだ折り濾紙で濾過し、乾燥機で1日乾燥後、濾紙に残った黒い粉の質量を測定し、元の火薬から質量の減った分を硝酸カリウム質量とした。火薬の成分で水に溶けるものは硝酸カリウムだけだからである。

4　硫黄質量

火薬中の硫黄質量は次のように測定した。5本分の火薬に二硫化炭素40 mL入れ、電動かき混ぜ装置で10分間撹拌し、ひだ折り濾紙で濾過し、乾燥機で1日乾燥後、濾紙に残った黒い粉の質量を測定し、元の火薬から質量の減った分を硫黄質量とした。火薬の成分で二硫化炭素に溶けるものは硫黄だけとみなしたからである。

5　燃焼気体からの硫酸イオンの測定 [4]

捕集装置は次のように組み立てた。

①プラスチックの大型メガホンの真ん中に穴をあけ、針金を通し、線香花火をセロテープで吊るせるようにする。

②メガホンの下の方、線香花火の火薬がくるあたりに、四角い窓を開け、ここからガスライターで点火し、空気を供給できるようにした。

③メガホンの上部にはガラスろうとをテープでとめ、ゴム管で三角フラスコにさしたガラス管につないだ。

④三角フラスコには精製水95 mL、3％過酸化水素水5 mL入れ、アスピレーターで燃焼気体が精製水中を通るように吸引できるようにした。

⑤ガラス管の先には熱帯魚用のエアーストーンをつけて、燃焼気体が細かい泡となって精製水中に出るようにした（図1）。

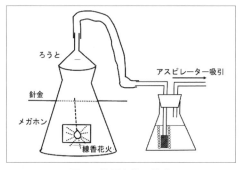

図1　装置全体の構成

　1つのサンプルでの燃焼吸引時間を3分とし、終了後、pHメーターでpHを測定し、5 mLを試験管にとり、精製水5 mL、塩化バリウム0.1 g加えて振りまぜ、硫酸イオンを硫酸バリウムにして白濁させた。

$$SO_4^{2-}+Ba^{2+} \rightarrow BaSO_4$$

溶液をプラスチックセルに入れ、吸光光度計（島津 UV-1280）で波長660 nmでの吸光度を測定した。

6　燃焼気体から二酸化窒素の検出

　5で得られたサンプル水5 mLにザルツマン試薬5 mL加え、発色を見た。二酸化窒素が生成し得ていたら赤色に呈色する。

7　中和滴定

　5「燃焼気体からの硫酸イオンの測定」で得られたサンプル水70 mLをフェノールフタレインを指示薬として、濃度0.05 mol/L 水酸化ナトリウム水溶液で中和滴定した。硫酸ができているのなら滴定量も多くなるはずである。同5で測定した硫酸イオン濃度、pHと比較した。

8　煙からの硫酸イオン濃度測定

　線香花火が燃えている間、白い煙が生じる。この煙は硫酸カリウムではないかと考えた。掃除機の吸入口に濾紙を輪ゴムでしばり、線香花火が燃焼している近くで、なるべく白煙が吸い込まれるように位置を加減しなが

ら 3 分間吸引した。燃焼後、濾紙をはずし、余白を切り除き、100 mL ビーカーに入れ、精製水 100 mL 中につけて濾紙についた白煙を溶かし、サンプル水とした。同 5 と同じように、サンプル水 5 mL に塩化バリウム 0.1 g 入れて振り混ぜ、白濁したものをプラスチックセルに入れ、吸光光度計で波長 660 nm での吸光度を測定し、検量線より硫酸イオン濃度を求めた（**写真 1**）。同 5〜8 の測定は 3 回ずつ行った。

写真 1　煙を吸引してろ紙に集める

結　果

1　火薬の質量

　表示質量の平均は 0.11 g、測定質量の平均は 0.083 g だった。表示質量よりも測定質量の方が少なく出ていた。この原因は、測定に火薬をすべて回収できていないからかもしれない。その分を考慮して、おおよそ火薬の量は 0.08〜0.1 g のあたりだということになる。ちなみに文献 3 で手づくりの線香花火として紹介されている火薬の量は 0.08 g である（**図 2**）。

2　硝酸カリウム

　サンプル 5 本分中の硝酸カリウムの質量は 0.149〜0.288 g、平均 0.229 g だった。実測で得られた火薬質量中の硝酸カリウムの割合も計算した。41

〜68％で、平均は55％だった。文献3に基づく自作線香花火中の硝酸カリウムの割合が52％なので、この値は妥当と思われる（**図3**）。

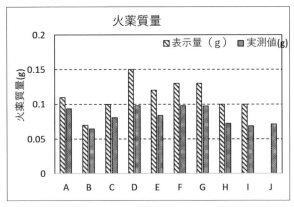

図2　1本あたりの火薬質量

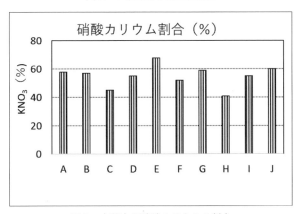

図3　火薬中の硝酸カリウムの割合

3　硫　黄

　　サンプル5本中の硫黄質量は0.137〜0.283 g、平均0.215 gだった。硝酸カリウムの質量とくらべ、ばらつきが大きくなった。火薬中の硫黄の割合は41〜58％で、こちらは硝酸カリウムよりも幅が狭くなり平均は51％だった。自作線香花火中の硫黄の割合は34％なので、多くなっていた（**図4**）。
　　二硫化炭素で火薬を洗ったときに、硫黄だけではなく油煙に付着してい

た油（テレビン油やその分解生成物）も溶かして質量の減少分として測定
されたのではないかと考察する。この硫黄の分析値は硝酸カリウムの分析
値よりは信頼性が落ちる。

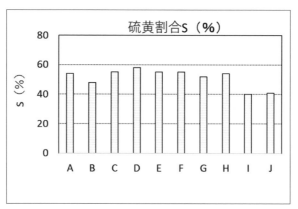

図4 　火薬中の硫黄の割合

4 　燃焼気体中の硫酸イオンとサンプル pH

前節5の方法で測定した硫酸イオン濃度とサンプル水の pH には直線状
の相関関係があった。

5 　滴定値と硫酸イオン濃度

サンプル水を前節の方法で中和滴定した時の滴定値と、硫酸イオン濃度
には直線状の相関関係があった。

6 　滴定値と pH

滴定値と pH には直線状の相関関係があった。

4～6は1回ごとのサンプル個々のばらつきがあり、どういうサンプルだ
ったらどういう燃え方をしているとはいえなかった。

7 　二酸化窒素の結果

ザルツマン試薬ではサンプル水は赤色の呈色反応がなかった二酸化窒素

は含まれていまない。

　4〜7までの結果より、線香花火の燃焼気体には、二酸化窒素は含まれず、二酸化硫黄が精製水に溶解して硫酸となっており、酸性成分は硫酸であるといえる。

8　煙からの硫酸イオン結果

　掃除機で吸引し、濾紙に集めた煙から測定した硫酸イオンは次のとおりになった。紙面の都合上、1回目だけの結果を示しておく（**図5**）。

　燃焼気体を吸引した精製水よりも、硫酸イオンの値は少なく出た。サンプル水のpHはどれも中性付近だった。これより煙の成分は硫酸カリウムであると考えられる。

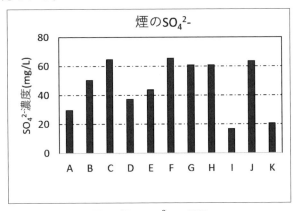

図5　煙のSO_4^{2-}　1回目

考　察

1　測定の信頼性

　測定の信頼性について考える。燃焼気体の吸引はアスピレーターで同じように行っていたので、三角フラスコ中の精製水を通過する気体体積は同じであったはずである。二酸化硫黄は過酸化水素で速やかに硫酸イオンに

変化したと考える。また、測定された硫酸イオンと pH の相関関係も高いので、吸収された硫酸イオンは正しく測定できていると思われる。

測定回数が 3 回ということもあるが、測定値のばらつきが大きい。これは花火の燃焼が 1 回ごとに差があり、それは値段の高い安いにかかわりなく、どのサンプルについてもいえる。

次に燃焼時の煙の分析での硫酸イオンの平均値を見る。

煙の吸引は燃焼気体よりも開放した空間で行ったので、ばらつきが出て当然でだが、個々の硫酸イオンの値はよく似た値であり、線香花火付近の一定の量の空気を吸引しているとはいえる。

2　ばらつきの要因

これらのことから、線香花火の燃え方は、どこの製品もばらつきがあるといえそうだ。同じように調合した火薬からつくっているのに、このようなばらつきが出るのは、こよりをねじるときに、手でねじるために、火薬の詰まり方がどれも均一ではないためなのかと考える。

値段の高いものと安いものとでは分析値を見る限り差は見当たらない。花火を燃やしている感じでは、高いものの方が松葉が出やすく、出ている時間が長いように思える。ではなぜそうなるのかというと、考えられるのは火球を保持する和紙の強さや、油煙の成分の違いかと想像するが、これだけでは何ともいえない。

線香花火の反応は、火球の中で多硫化硫黄ができているので、次のように書いてみることができる。

$$2KNO_3 + (2x+3)S \longrightarrow 2KS_x + N_2 + 3SO_2$$

二酸化硫黄が精製水中に吸収され硫酸イオンの元になり、また一部は多硫化硫黄と反応して硫酸カリウムになる。窒素は窒素酸化物よりは窒素分子でいる方が安定なので、窒素として空気中に交じる。

審査講評で、二酸化硫黄の検出では二酸化炭素がバリウムイオンと反応して炭酸バリウムになっていないかと指摘をいただいた。これは気がついていなかった。検討したい。

　自作の線香花火は松葉が飛んだり飛ばなったりするので、今後はねじり方や、和紙や油煙を工夫して確実に松葉が飛ぶ線香花火をつくることができるように目指したい。

〔謝　辞〕

　本研究にあたり、和紙サンプルや資料を提供してくださった伊藤英明先生のお名前を記して謝辞とさせていただきます。ありがとうございました。

〔参考文献〕

1)　本田千沙「フラッシュコットンの窒素は燃えると何になるのか」(2019)
2)　第 11 回高校化学グランドコンテスト発表要項集「アンモニアの爆発（燃焼）反応の研究— NO は生じない—」大阪府立清水谷高校（2016）
3)　伊藤秀明「おもしろ実験・ものづくり完全マニュアル」P.64 執筆担当、東京書籍（1993）
4)　日本分析化学会北海道支部編「水の分析第 4 版」P.157、化学同人（1994）
5)　伊藤秀明「火薬学会誌　57」No. 5　P.186（1996）
6)　伊藤秀明「化学と教育」39、70（1991）

一口メモ
線香花火の科学に魅せられていた寺田寅彦

　今から 90 年前、日本の物理学者、随筆家、俳人でもある寺田寅彦（1878-1935）は『私は十余年前の昔から多くの人にこれの研究を勧誘して来た。特に地方の学校にでも奉職していて充分な研究設備をもたない人で、何かしらオリジナルな仕事がしてみたいというような人には、いつでもこの線香花火の問題を提供した。しかし今日までまだだれもこの仕事に着手したという報告に接しない。結局自分の手もとでやるほかはないと思って二年ばかり前に少しばかり手を着けはじめてみた。ほんの少しやってみただけで得られたわずかな結果でも、それははなはだ不思議なものである。少なくもこれが将来一つの重要な研究題目になりうるであろうという事を認めさせるには充分であった』と記している。寺田寅彦がいかに線香花火の科学に魅せられていたかがわかる。

●
努力賞論文

受賞のコメント

コロナ渦で研究も中断した

●仁川学院高等学校　尾形 ララ

　まずこのような賞をいただいたことを非常に光栄に思う。

　この研究を始めたきっかけは、夏の風物詩である線香花火が燃焼したときに発生した気体を調べてみたいと思ったからである。研究を続けるにあたって、データの取り方や、新型ウイルスの影響で登校する機会がなくなり、研究が中断してしまうなどさまざまな問題があったが、多くの人たちのおかげで、なんとか実験を再開し、ここまで辿りつくことができた。協力していただいた顧問の先生や、自分の探究心を研究に生かす貴重な体験をいただくきっかけをあたえてくれた先輩には感謝の意を表したい。

生徒には「これは君の作品だ」と常に言い続けている

●仁川学院高等学校　教諭　米沢 剛至

　2004 年度の第 3 回のときに最初に努力賞をいただいて、これで 8 回目。入選した作品はすべて良いと思ってしまい、落選だったら、どこが悪いのだろうとアラ探しを始める。他人がつけた色にまどうことなく、自分たちの実験をしている時の冒険心、作品ができた時の充実感を信じることを悟るための 17 年間だった。どんな立派な作品にも間違いはあるし、見向きもされない作品にも懐に隠し持った短刀を秘めている。これは生徒の研究ではなく、先生の研究でしょうと言われたこともあった。生徒にはこれは君の作品だといつも言い続けている。遠慮せずに賞状を受け取ってほしい。

　線香花火の研究をされている伊藤秀明先生には、未発表の製法まで教えていただきました。感謝いたします。

●
努力賞論文

未来の科学者へ

独自の工夫とともに分析方法も多岐にわたる

　尾形ララ氏による「線香花火の分析（原題）」では、市販の線香花火の燃焼に伴い発生する気体と煙中の成分を捕集・同定することに成功した。さらに文献に基づき線香花火を自作し、考察を深めている。捕集装置に独自の工夫がなされるとともに、分析方法も多岐にわたっていて、並々ならぬ努力によってなし得た成果だと思う。

　研究をスタートした当初は、おそらく値段や火薬量に対する気体成分量の相関性を見たかったのかもしれないが、各実験回数が3回に制限されていたため現段階ではそこまで至らなかったのは仕方のないことと思う。だが、ものの見方を変えてみると、今回使用した火薬量（0.07〜0.15 g）では成分量に大きな変化がないことがわかったのも重要な知見だ。また、考察でも述べているように成分量が、こよりの作り方や火薬の詰まり方に依存しているかもしれないという気づきを得た。これはこの研究をより深めるためには、化学だけでなく物理的な素養（こよりの作り方）をもって臨む必要があることを示唆している。その意味でも線香花火を自作できたことは非常に重要な成果だ。たとえば、こよりのねじり回数を変化させると成分量はどう変化するのか？といった問題にも取り掛かれると思う。本研究の主題から外れているため、考察にしか書いていないが、線香花火なので花火の見た目や燃焼時間も同時にデータ収集すると研究の面白さが加速するかもしれない。本研究で分析手法が確立できたので、この手法を使ってどう研究を発展させるか、今後も大変楽しみだ。

（神奈川大学理学部　准教授　東海林　竜也）

●

努力賞論文

瀬戸内海に流れ込む砂の軌跡
（原題）石英や長石の砂粒の凹凸や体積比から源岩からの距離を推定する指標の提案

兵庫県立姫路東高等学校　科学部　砂粒班
３年　赤瀬 彩香　高瀬 健斗
２年　岩本 澪治　奥見 啓史　内藤 麻結　藤本 大夢　安原 倭　山本 夏希
１年　児玉 尚子　佐々木 彬人　菅野 和奏　多田 明良　中農 拓人
前田 智彦　三井 彩夏　三宅 歩音　室本 勇也　森山 琉晟

●

研究の動機と目的

　私たちは昨年度、筑波大学の久田健一郎教授（当時）の砂粒に関する講義を聞く機会に恵まれた。どこの河原でも普遍的に存在する砂粒だが、まだ十分な研究が行われていないことを知り、強い興味をもった。Lasaga et.al.（1994）[1] は、石英に比べて長石がきわめて早く溶解することを示している（**表1**）。そこで私たちは、鉱物の外形や石英／長石（体積比）の値から、基になった源岩から砂がどのくらいの距離を移動してきたのかを推定できると仮説を立てて研究を行った。

表1　石英と長石の溶解速度の比較（Lasaga, et.al, 1994[1] をもとにまとめたもの／ 25℃、pH5 の条件で 1 mm の結晶が溶解してしまうまでにかかる時間）

石英		34,000,000 年
アルカリ長石	KAISi3O8 （マイクロクリン）	921,000 年
	NaAISi3O8 （曹長石）	575,000 年
斜長石	CaAl2Si28 （灰長石）	112 年

研究方法と結果

1　揖保川の露頭調査

　兵庫県南部の河川のほとんどは、さまざまな小河川が合流して瀬戸内海に流れ込む。源岩がどのように砂粒となって運搬、堆積し、その過程でどのように溶解したのかを明らかにするためには、砂粒の源岩が推定できること、合流する小河川ができる限り少なくて規模が小さく、複数の種類の砂粒ができる限り混じり合わない環境であること、河川が蛇行せずに可能な限り直線的に流れていること、河川の傾斜の変化が大きくないこと、などの条件を備えている必要がある。兵庫県南部の河川周辺の露頭調査を広く行った結果、条件をほぼ備えている河川として、兵庫県南西部の揖保川を調査地域に選んだ。

　揖保川は、兵庫県宍粟市の藤無山（標高1139 m）を源とし、たつの市、太子町と播州平野を流下して姫路市網干区で瀬戸内海の播磨灘に注ぐ、全長70 kmの1級河川である。上流～中流部には山地が広がっており、一方下流域は平野部である。揖保川に合流する河川は少なく、しかも規模が小さい。私たちは、揖保川に沿って露頭調査を行った。図1に表層地質図を、図2に試料採取地点を示す。揖保川の上流部や下流部には、流紋岩類～石英安山岩類が広く分布している。これらは、白亜紀～古第三紀の相生層群に区分されているものである（岸田・弘原海，1967[2]、田中・後藤，1984[3]、田中・後藤，1989[4]）。一方、揖保川中流部には花崗閃緑岩が分布しており、露頭近くの鳥ケ乢トンネル周辺には、花崗閃緑岩の真砂土の崩壊地が広がっている（図1）。揖保川に堆積している砂粒は沖積層堆積物である（兵庫県，1990[5]）。揖保川を東西方向に山崎断層が横切っている。私たちは、中流～下流の5カ所で砂粒を採取したほか、中流部の花崗閃緑岩とその真砂土、中流部～下流部の流紋岩および石英安山岩を採取した。図3に揖保川の河床勾配と砂粒の採取地点を示した（国土交通省河川局，2007[6]）。

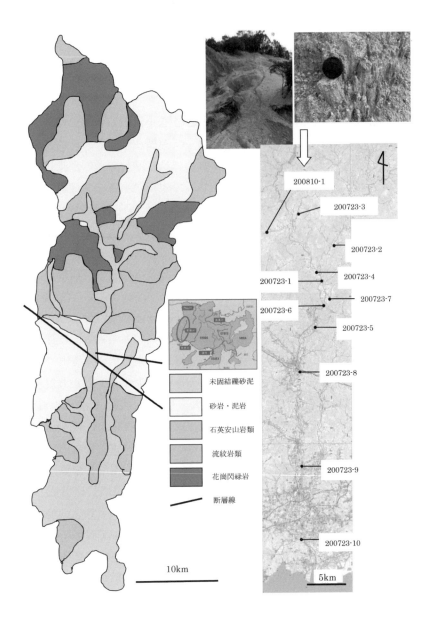

図1　揖保川水系の表層地質図

図2　試料採取地点（国土地理院，2014[7]に加筆）
　　　写真は 200810-1 地点の真砂土の崩壊地

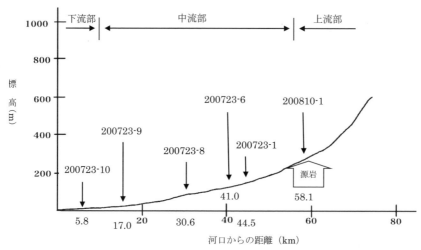

図3　揖保川の河床勾配と砂粒試料の採取地点（国土交通省河川局, 2007[6]）を基に作成加筆）

2　砂粒試料の構成鉱物

　採取した砂粒から石英と長石を選別した。また、源岩の推定のために有色鉱物も同定した。集めた鉱物は、目の粗さの異なるふるいにかけて大きさごとに分け、それぞれの粒数を数えた。砂粒は球形をしているわけではないが、吉村・小川（1993）[8]に基づいて、ふるいの目の上に残った砂粒は球形であると仮定し、それぞれの大きさの石英／長石（体積比）を計算した。砂粒の多くは石英や長石の単独の鉱物からなる。平均粒径は、（その粒径 mm）×（その粒径の砂粒の個数）の合計を、その粒径すべての個数で割って求めた。観察結果を図4〜図9に示す。石英の砂粒は河口付近まで大きく角張っているが、長石は下流のものほど丸みを帯び、石英／長石の体積比も大きくなる傾向がみられる。

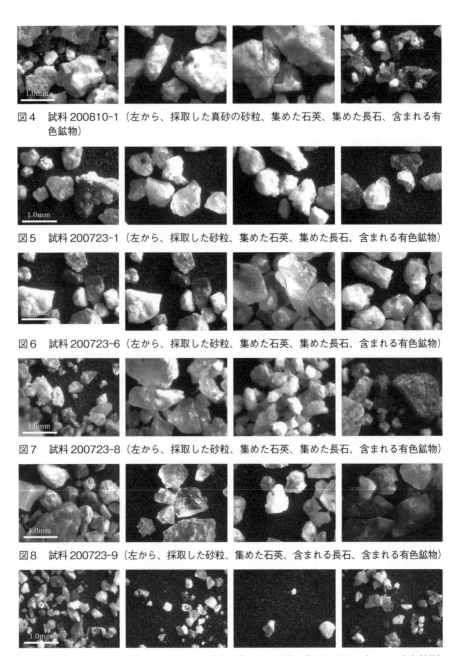

図4 試料 200810-1 （左から、採取した真砂の砂粒、集めた石英、集めた長石、含まれる有色鉱物）

図5 試料 200723-1 （左から、採取した砂粒、集めた石英、集めた長石、含まれる有色鉱物）

図6 試料 200723-6 （左から、採取した砂粒、集めた石英、集めた長石、含まれる有色鉱物）

図7 試料 200723-8 （左から、採取した砂粒、集めた石英、集めた長石、含まれる有色鉱物）

図8 試料 200723-9 （左から、採取した砂粒、集めた石英、含まれる長石、含まれる有色鉱物）

図9 試料 200723-10 （左から、採取した砂粒、含まれる石英、集めた長石、含まれる有色鉱物）

3　砂粒の形状の定量化

　砂粒がどの程度角張っていたり丸みを帯びたりしているのかを、客観的に示す必要がある。吉村・小川（1993）[8] は、砂粒のような粒状体の形状を簡単に定量化する方法として、凹凸係数 FU（coefficient of form unevenness）を示しており、これに基づいて粒子形状を定量化した。石英および長石の砂粒を顕微鏡下で観察して撮影し、鉱物写真の外周に糸を添わせて外周長 ℓ を測定する。さらに、1 mm 方眼用紙を用いて鉱物断面積 a を求め、$FU = (4\pi a) / \ell^2$ の計算式で求めた。それぞれの採取地点における砂粒をそれぞれ 10 粒ずつ測定した。

4　岩石試料の構成鉱物

　揖保川中流部域に分布する花崗閃緑岩と中流〜下流域に広く分布する流紋岩と石英安山岩を採取し、薄片を作成して偏光顕微鏡で観察し、構成鉱物を同定した。結果を図10に示す。花崗閃緑岩は最大 10〜15 mm の長石、石英、角閃石などからなり、岩体南部では真砂化が進んでいる。

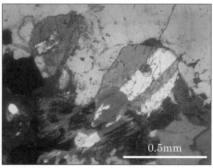

図10　試料 200723-2（花崗閃緑岩／左：岩石写真／右：クロスニコルによる偏光顕微鏡写真）

考 察

1　堆積している砂粒は真砂土となり、揖保川を流れ下った

　砂粒の運搬と堆積に関する研究は、驚くほど進んでいない。たとえば、ユールストロームの図に基づけば、源岩からの水平距離が同じであっても、河川の傾斜の大小は、砂粒の形成に大きな影響を与えることが予想される。傾斜は石英／長石（体積比）の値を左右する重要な要素と考えられるが、河川の傾斜と砂粒を作る鉱物の浸食との関係を調べた先行研究はない。さらに、河川の流路が直線的なのか蛇行しているのか、より細かく見れば、河川の流路の曲線の内側なのか外側なのかによっても、堆積する砂粒の性質は異なると考えられるが、そのような先行研究もない。

　長石には、斜長石とカリ長石があり、その種類によって溶解の進み具合が異なる。しかし、斜長石は溶解速度がきわめて速く、染色などをして斜長石とカリ長石を区分してもあまり有意差が見られないとされているため、今回は長石を区分しなかった。本研究では、石英／長石（体積比）の値の変化が水平方向の距離を反映する指標になるという仮説を立てて研究を行った。

　揖保川で観察される砂粒は、沖積層堆積物である（兵庫県，1990）[5]。砂粒を構成する鉱物の多くはケイ酸塩鉱物である。とくに石英と長石は普遍的に含まれている。採取したすべての砂粒試料には、2.0〜0.5 mm程度の角閃石が含まれており、砂粒の源岩は等粒状組織を呈する中性〜酸性の深成岩であると考えられる。このことから、河川に堆積している砂粒は、揖保川中流域に分布している花崗閃緑岩が風化によって真砂土となり、揖保川を流れ下ったものと推定できる。

2　石英／長石の体積比を用いて推定

　砂粒の構成鉱物を揖保川下流側に向かってみていくと、石英と長石は、砂粒の平均粒径の変化傾向に大きな違いはみられない（図11）。凹凸係数

FU の平均値は、石英が 0.73〜0.75 でほとんど変化しないのに対して、長石は下流に向けて 0.75 から 0.85 へと大きくなり、球形に近づく（**図 12**）。源岩からの距離 x に対して石英／長石の体積比 y は、y=0.024x＋0.58 の近似直線で示される関係で、下流側に向かって大きくなっていく（**図 13**）。石英は溶解に対して耐性をもっているが、長石は石英に比べて溶解しやすい（Lasaga, et.al, 1994）[1] ためであると考えられる。これらは、源岩からの距離を、凹凸係数 FU や石英／長石の体積比を用いて推定することが可能であることを示している。

　下流ほど粒子は丸くなり、石英／長石の体積比が大きくなっていくことは、誰でも直感的に認識してきたことだろう。しかし、その関係を直線の方程式で表わせることを示したのは、本研究が初めてである。揖保川と特徴が類似する河川であれば、川岸に堆積している砂粒を観察し、それに基いて計算することによって、その砂粒がどのくらいの距離を流れ下ってきたのかを知ることができる。また、たとえば堆積岩中の砂粒から、堆積当時の環境を推定することもできるかもしれない。

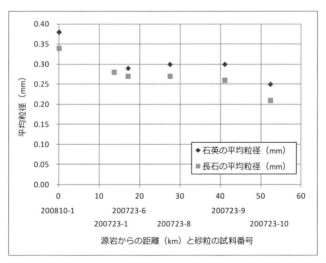

図 11　源岩からの距離と砂粒の平均粒径（石英 10285 粒、長石 9568 粒）

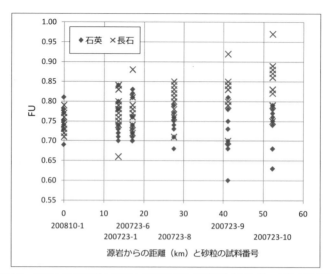

図 12　源岩からの距離と石英と長石の FU（各試料 10 粒ずつ合計 120 粒）

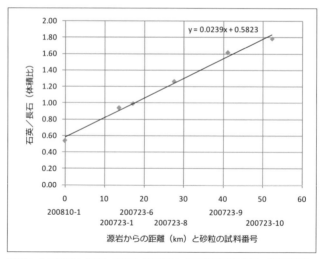

図 13　源岩からの距離と石英／長石（体積比）（直線は近似直線／相関係数＝0.965）
（石英 10285 粒、長石 9568 粒をもとに計算）

今後の課題

　今回の研究では河川の勾配を考慮しなかったが、揖保川は源岩が分布する中流部から下流に向かって、傾斜が大きく変化しないため、FU や石英／長石（体積比）に与える影響は大きくなかったと推定される。

　今後は、揖保川と異なる特徴をもつ河川でも研究を行い、河床勾配や蛇行の程度との関係についても明らかにする必要がある。また、長石が丸くなる原因として、運搬の際の摩耗や破損など物理的破壊の影響も考えられることから、屋内におけるモデル実験を行う必要がある。

〔謝　辞〕

　筑波大学前教授の久田健一郎博士には砂粒研究の基礎をご教示いただいた。また、本校科学部顧問の川勝和哉先生には、研究の方針やデータ処理などについて有意義な助言をいただいた。ここに記して謝意を表す。

〔参考文献〕

1)　Lasaga, A.C., Soler, J.M., Ganor, J., Burch, T.E. and Nagy, K.L.(1994) Chemical weathering rate laws and global geochemical cycles.(Geochimica et Cosmochimica Acta, Vol.58, No.10, pp.2361-2386.), (2007)

2)　岸田孝蔵・弘原海清「姫路酸性岩類の火山層序―近畿の後期中生代火成岩類の研究―(1)」(柴田秀賢教授退官記念論文集 , pp.241-255.), (1967)

3)　田中眞吾・後藤博彌「龍野市とその周辺の地質図の説明」(龍野市史，第 4 巻，pp.13-116.), (1984)

4)　田中眞吾・後藤博彌「太子町の地形・地質図の説明」(太子町史第 3 巻，pp.11-36.), (1989)

5)　兵庫県 (1990) 土地分類基本調査―播州赤穂・姫路・坊勢島・寒霞渓― 5 万分の 1 国土調査 (兵庫県都市住宅部土地政策局企画室)

6)　国土交通省河川局揖保川水系工事実施基本計画と揖保川水系河川整備基本方針 (案) 対比表, (2007)

（https://www.mlit.go.jp/river/shinngikai_blog/shaseishin/kasenbunkakai/shouiinkai/kihonhoushin/070119/pdf/s4-2.pdf）

7)　国土地理院電子地形図 25000 兵庫（DVD 版），（2014）

8)　吉村優治・小川正二「砂粒のような粒状体の粒子形状の簡易な定量化法」（土木学会論文集）No.463，Ⅲ-22，pp.95-103.)，（1993）

●
努力賞論文

受賞のコメント

受賞者のコメント

身近だがきちんと調べられていない
砂粒に命を吹き込む

●兵庫県立姫路東高等学校　科学部（砂粒班）

1年　三井 彩夏

　新型コロナの影響で、6月の末になってもテーマが決まらず、はやる気持ちを抑えられなくなっていた頃に、幸運にも筑波大学の久田健一郎先生の砂粒に関する講義を聞く機会に恵まれた。その講義はたいへん魅力的で、特に、長石が「水に非常に溶けやすい」というひとことが私たちの心をとらえ、すぐに研究テーマを砂粒にすることに決めた。

　研究の多くの時間は、砂粒を石英と長石に分けるという地道な作業で占められた。先が見えない不安と闘いながらの活動だったが、努力の結果、予想以上の成果を上げることができた。研究のきっかけを与えてくださった久田先生と、支えてくださった科学部顧問の川勝先生には本当に感謝している。

指導教諭のコメント

指導と助言の間で揺れた4カ月

●兵庫県立姫路東高等学校　科学部顧問　主幹教諭　川勝 和哉

　砂粒を来る日も来る日もピンセットで分別した。誰も面倒くさがらず（心の中はわからないが…）、共通の目的のために黙々と努力した。その数は1万9853粒にもおよんだ。気が遠くなる数である。その後の議論は非常に明快で、論理的であった。私は彼らの議論の中に入って、「指導」と「助言」の間で心が揺れ動いた。こうすればよいのではないか、などといった「指導」はすべきではないし、おそらく高校生の柔軟な発想力には及ばない。かといって、生徒の新しい発想を引き出すための「助言」は難しい。そうやって揺れている間に、彼らはきわめて論理的な成果を引き出してきた。私の活動におけるキーワードは「助言力」である。

●
努力賞論文

未来の科学者へ

テーマの設定や研究現場の選択がとても適確で感心

　兵庫県立姫路東高等学校科学部は、ここ数年本論文大賞論文応募の常連校であり、熱心な指導者の下、グループ研究の利点を生かし、身近な地質現象をテーマとし、毎年優れた地質学的研究を発表している。今回の研究論文は、河川砂の起源に関する研究である。河川の砂は、岩石が風化、侵食、運搬され、最終的には水の流速に応じて堆積する。このような過程の中で、構成する鉱物の組成や粒径・円摩度が変化し、さまざまな成熟度の砂が形成される。砂やそれが固結した砂岩の解析は、それをもたらした後背地の地質やテクトニックな地史を反映するなど、多くの情報をもたらす。この現象は地質学者の誰でもが理解していることだが、実際にフィールド調査されることは少ないようだ。調査をした揖保川は姫路東高等学校に近く、双眼実体顕微鏡と偏光顕微鏡程度の研究機器があればよく、高校生が取り組む対象として実に適切な課題設定である。

　本研究では、揖保川の中〜下流およそ50 kmの間の5ヵ所から砂を採取し、砂粒子の構成鉱物、粒度とFU値（円摩度の指標）を定量的に測定している。その結果、石英の粒径とFU値に変化はなく、長石は石英より量が減り、球形に近づくという。結果はある意味予想通りと言えるが、このようなデータをもたらしたこと自体が重要である。特にこの研究では、周到な準備と適切は研究の展開方法を高く評価したい。揖斐川流域の地質構成は比較的単純で、また小河川の流入も少ないなど、本研究の目的である「河川砂の起源」を調べるには大変適しており、その設定にも感心する。また、図や表は実に的確であり、論文の構成も無駄がなく、明快な論文である。今後もこの研究を継続する計画とのことであり、次の論文が楽しみである。

（神奈川大学理学部　特任教授　加瀬　友喜）

●

努力賞論文

植物の匂いは
農薬として使えるか？
（原題）植物の匂いによる生物防除の可能性

岡山県立井原高等学校　生物同好会　植物班
２年　河本　祐太朗

●

研究目的

　環境負荷が少ない農作業は、農薬の使用量を減らすことで可能になると私は考えた。西村（2014）、木嶋（2006）の、栽培植物の周囲にある種の植物を植えることで、栽培植物を守る方法に記載されていた植物は特有の強い匂いをもつものが多かった。私は植物のもつ特有の匂いは、植物病原菌の防除もできるのではないか、それが可能ならば植物の匂いを農薬として農業に応用したいと考えた。

実験方法

【実験１】植物によるうどんこ病菌の防除

　処理区の密閉容器（470 ml）のおのおのに、マリーゴールド、ラベンダー、ローズマリー、カトリソウの葉を各2g入れた容器と、マリーゴール

ドの種子発芽を 80 粒置いた容器を用意した。葉や種子発芽を置かない区を
無処理区とした。アルコールで細胞を死滅させたタマネギ鱗片（以下、タ
マネギ鱗片）にうどんこ病菌の胞子を撒いて、容器の中央に置き、密閉す
る（図1）。二日間静置し、室温で培養した。生物顕微鏡で 1 区に最低 100
個以上の胞子を数え、胞子数と発芽数を求め、発芽率（胞子の発芽数÷全
胞子数×100）を計算した。無処理区と処理区を比較して有意差検定を行っ
た。実験は同条件で 3 回行った。

【実験2】コマツナの種子発芽によるうどんこ病菌の防除

　【実験1】で、マリーゴールドの種子発芽処理区で、胞子発芽は有意に抑
制されたことから、他の種子発芽でも同様の効果があるのかを調べた。処
理区の密閉容器（470 ml）に、コマツナの種子を 80 粒発芽させる。うどん
こ病菌の胞子をまいたタマネギ鱗片を置き密閉する（図1）。二日間静置し、
室温で培養した。次に生物顕微鏡で観察し、1 区で最低 100 個以上の胞子
の数とその発芽数を数え、発芽率を計算した。無処理区と処理区を比較し
て有意差検定を行った。実験は同条件で 3 回行った。

【実験3】カトリソウの葉によるレタスのカビ（*Borytis* または *Cladosporium*）
##　　　　の防除

　カトリソウの葉の匂いは、うどんこ病菌以外の植物病原菌にも効果があ
るのかを調べた。処理区の密閉容器（470 ml）にカトリソウの葉を 4g 入れ
た。レタスの植物病原菌をまいたタマネギ鱗片を置いて、密閉する（図1）。
3 日間静置し、室温で培養した。次に生物顕微鏡で観察し、1 区で最低 100

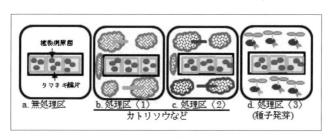

図1　植物病原菌発芽実験

個以上の胞子と発芽数を数え、発芽率を計算し、無処理区と処理区を比較
して有意差検定を行った。実験は同条件で3回行った。

【実験4】アオムシは植物のもつ特有の匂いを忌避するか

　トレー（A4版）の一方に餌となる植物のみ（24g）入れ、一方にローズ
マリーと餌となる植物（12g＋12g）を入れた（**図2**（a））。トレーの中央に
アオムシを入れ、同じ大きさのトレーをかぶせ、テープを貼って密閉し、1
日室温で静置した後、アオムシの動きを観察した。実験は同条件で3回行
った。

【実験5】カタツムリは植物のもつ特有の匂いを忌避するか

　対照区は植物を入れず、処理区の密閉容器（4.2L）に特有の匂いをもつ
植物を1回目12g刻んで底に置き、2回目と3回目は紙コップに入れて密
閉容器の底に置いた。それらの密閉容器の中にカタツムリを8匹ずつ入れ
密閉した（図2（b））。室温で暗所に1日静置した後、カタツムリの動きを
観察した。実験は同条件で3回行った。

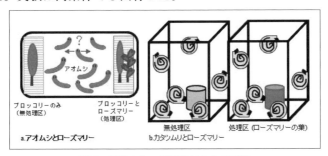

図2　植物の匂いが動物に与える影響

【実験6】カトリソウの匂いがワタの苗やオキナグサの苗に与える影響

　カトリソウの葉の匂いがワタやオキナグサの苗の成長に悪影響を与える
かを調べた。実験方法（**図3**）は、密閉容器（4.2L）を4つ用意し、同程度
に育った苗を入れる。処理区には、カトリソウの葉80gをネットで包み、密
閉容器に入れて密閉した。その後、a.ワタの苗の実験では密閉容器内で8日
間、b.オキナグサの苗の実験は密閉容器内で14日、室温で育て、観察した。

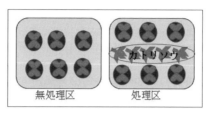

図3　植物の匂いが栽培植物に与える影響

結　果

　植物の匂いが植物病原菌を制御するか調べる実験では、【実験1】で、植物の匂いがうどんこ病菌の発芽を抑えるのか調べた。その結果、胞子発芽率（図4（a））は無処理区43％、マリーゴールド種子発芽処理区14％、マリーゴールド処理区18％、ラベンダー処理区17％、ローズマリー処理区19％、カトリソウ処理区15％となった。有意差検定をすると無処理区と比較して、すべての処理区で有意に差があった（***: p < 0.001）。

　【実験2】は、コマツナの種子発芽がうどんこ病菌の胞子発芽を抑制できるかを調べた。その結果、胞子発芽率（図4（b））が、無処理区51％、コマツナの種子発芽処理区11％となり、無処理区と比較して処理区は発芽率が低く、有意差検定をすると有意に差があった（***: p < 0.001）。

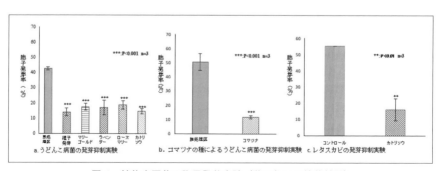

図4　植物病原菌の胞子発芽実験（葉の匂いの抗菌効果）

　【実験3】は、カトリソウの匂いがレタスカビ（*Borytis* か *Cladosporium*）の胞子発芽を抑制するかを調べた。その結果、胞子発芽率（図4（c））が、無処理区は55.2％、カトリソウ処理区は16％となった。無処理区と比較して処理区は発芽率が低く、有意差検定をすると有意に差があった（**: p < 0.01）。

　動物実験では、【実験4】のアオムシは植物の特有の匂いに反応するのか調べた。その結果、図5（a）のグラフに見られるようにアオムシは対照区に86.1％、処理区に13.9％いた。有意差検定をすると有意に差があった（***: p < 0.001）。

　次に、【実験5】は、カタツムリは植物のもつ特有の匂いに反応するかを調べた。その結果、ローズマリーの匂いに対してカタツムリは図5（b）にあるように、無処理区では底、壁、ふたに同程度の数のカタツムリが見られたが、処理区ではすべてのカタツムリが底にいた。さらに無処理区のカタツムリはすべて殻から体を出していたが、処理区のカタツムリは一匹を除いてすべて殻にもぐり蓋を閉じていた。

　次に、防除薬として使用したい植物の匂いが栽培植物に悪影響を与えるか調べた。【実験6】では、カトリソウの匂いがワタの苗とオキナグサの苗に影響するか調べた。その結果、無処理区のワタの苗は6個中、1個が正常に育ち、処理区のワタの苗は6個中2個が正常に育った（**図6**（a））。カトリソウの匂いがオキナグサの苗の成長へ与える影響（図6（b））は、形態観察では悪影響は見られなかった。

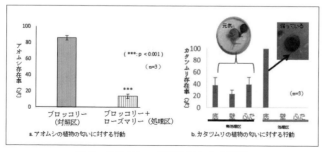

図5　植物の匂いが動物に与える結果

図6　植物の匂いが栽培植物に与える影響

考　察

1　発芽した種子のもつ匂いの効果

　【実験1、2、3】で植物の匂いの抗菌効果を確かめた。植物病原菌として、うどんこ病菌とレタスに発生したカビを使った。その結果、マリーゴールド、ラベンダー、ローズマリー、カトリソウの葉とマリーゴールドとコマツナの発芽した種子のもつ匂いは、うどんこ病菌やレタスのカビの胞子の発芽を抑制できることがわかった。ここには示していないが、山岡先輩の実験で植物の量に対して防除する効果に変化があったことから、効果は濃度依存的であると考えられる。

2　発芽中の種子は何かの抗菌物質を発生

　会沢ら（2013）は植物の部位によってフラボノイドの含有量が異なると

報告があるため、植物の部位はできるだけ新芽の部分を実験に使用することになった。特にマリーゴールドの種子発芽中の処理区を設けたのは、発芽している時期の植物は弱そうに見えるのに、病気にならず、食害されない苗も多いのは何かあると考えたからだ。

　私は、【実験1】で種子発芽中の処理区の胞子発芽率が一番抑制されていたので、発芽中の種子は何かの抗菌物質を発生させていると考えた。また無処理区は何も植物が入っていないので、植物があることによって変化するもの（O_2 や CO_2）の影響を調べるために、今後は植物を入れた対照区と植物を入れない無処理区と匂いの強い葉の処理区を組み合わせた実験を計画している。

3　カタツムリは予想以上に植物の匂いに敏感

　【実験4】と【実験5】で動物実験を行った。アオムシはローズマリーの匂いを忌避し、ブロッコリーだけの対照区に8割強の個体が移動した。このことからアオムシが餌としている植物の周りにローズマリーの葉を撒くとアオムシがその場から移動して、食害を減らすことができるだろう。またカタツムリはローズマリーの匂いで弱り、中には死ぬ個体もいた。和田（2019）のリビングマルチの利用のように、ローズマリーを刻んで下草にすることでカタツムリを寄せ付けないことが可能だと考える。カタツムリは予想以上に植物の匂いに敏感で、3回目に行った実験では処理区の個体すべてが死んでいたので、匂いには効果がある。

4　カトリソウの葉の匂いは苗の成長に悪影響を与えない

　【実験6】は、植物の匂いが栽培したい植物の成長に悪影響を与えないか調べるものだ。ワタの苗とカトリソウの葉、オキナグサの苗とカトリソウ葉の組み合わせでは、苗の成長にカトリソウ葉の匂いは悪影響を与えないことがわかった。

　これらの実験から植物のもつ匂いは植物病原菌の成長を抑制し、動物の行動を制限させた。植物の匂いは農薬の代わりに利用できると考えられる。利用できれば農薬の使用量を減らすことができ、環境負荷の軽減と農薬に

かかる経費の削減になる。植物の匂いの力をを防除に利用し、SDGs につながる研究をさらに進めたい。

　私は野外実験を何度も計画して実験したが、うまくいかなかった。自分でできるミニスケールの野外実験計画を考案したい。また種子が発芽中に放出する気体を分析したい。

〔謝　辞〕

　コロナ禍の厳しい情勢にもかかわらず、このような発表の場所を与えてくださった神奈川大学の皆様に感謝申し上げます。

〔参考文献〕

1)　会沢英志・兼行民治朗・寺田珠美・鮫島正浩・鴨田重裕「イチョウにおけるフラボノイドの生成と制御機構」東京大学農学部演習林報告書 129:25-35 （2013）
2)　木嶋利男「農薬に頼らない家庭菜園コンパニオンプランツ p.96」家の光協会 東京 （2006）
3)　西村和雄「有機農業コツの科学 p.81-109 」七つの森書館 東京 （2014）
4)　和田美由紀「牧草と園芸第 67 巻第 3 号 p25」雪印種苗株式会社 北海道 （2019）

●
努力賞論文

受賞のコメント

受賞者のコメント

研究をまとめる努力を続けていきたい
●岡山県立井原高等学校　生物同好会

植物班2年　河本　祐太朗

　今回このような賞をいただいたことを大変光栄に思う。この研究は昨年卒業した先輩から私が引き継ぎ行ったものである。農作物に害を与えることなく、発生する植物病原菌を防除し、害虫が忌避する匂いを見つけることを目的としている。私は先輩が行ってきた実験結果を見て、実験に用いた病原菌や農作物に効果があったものが、他の病原菌や昆虫にも効果があるのか、他の農作物には害がないかを調べてまとめた。この研究を行うにあたりデータのまとめ方、実験や発表の仕方を教えていただいた先輩と藤岡先生には大変感謝している。改めて読み返してみると、私のレポートには不明瞭な点が多くあったと反省している。研究をまとめることにもっと努力しなければならないと感じた

指導教諭のコメント

多くの制約に負けず論文をまとめ上げた
●岡山県立井原高等学校　主任実習助手　藤岡　佳代子

　予算も無い同好会の活動であるが、河本君は毎日放課後、実験や論文作成に取り組んだ。夏が一番辛く、扇風機1つで涼をとる。パソコンやプリンターが誤作動し、急に電源が落ちるなどトラブルが発生し、その都度保冷剤で冷やしながら作業した。さまざまな機材トラブルに泣かされる中、文化祭の準備にも熱意をもって取り組んだ。先輩から引き継いだこの実験をまとめ、発展させたいという強い気持ちで、多くの制約を物ともせず、ついに論文をまとめ上げた。途中、ノートの取り方と資料の整理等で苦労する場面もあったが、それも良い体験になったようだ。これからも河本君は実験も勉強も自分自身の目標に向かって熱意を持って進むだろう。

努力賞論文

未来の科学者へ

緻密な研究計画と独自に工夫した実験手法が素晴らしい

　独特の匂いを持つ4種類の植物が発散する揮発性成分の生理活性を利用して、植物に感染する病原微生物や、植物を食べる動物を防除する可能性を検証した研究である。そのために、複数種類の植物病の病原微生物や、さまざまな食植性の動物、さらに、栽培植物に対する作用を調べるための植物種などを用いて、個人研究としては、かなり大規模な実験計画を立て、その結果を科学的に厳密に考察している。誠に素晴らしい研究である。

　植物を用いて栽培植物を病害から護る手法は、生物防除として確立された方法である。マリーゴールドやカトリソーなど、本実験で用いた植物が発散する成分については、すでに化学的な構造や生物活性がよく研究され、動物や微生物に対する作用もよく調べている。その点では、本研究の結論はある程度予想されるものではある。しかし、その素晴らしさは、結論の新規性にあるのではなく、その結論を厳密な方法で導き出すための研究計画や、独自に工夫した実験手法の良さにある。河本君の用意周到な実験計画と、その展開方法には、科学的なセンスの良さが窺える。論文の構成も整っていて、読み応えのある力作であると言える。特に、身近な病原微生物や食植性昆虫やマイマイを自身で採取して同定し、それを用いて組み立てた研究計画は素晴らしい。病原微生物の胞子発芽に対する揮発性成分の作用を見る実験方法の工夫や、昆虫やマイマイの行動に対する揮発性成分の作用を解析するための実験方法、さらに、得られた実験結果を考察しながら、新たな仮説を立て、それを検証するための実験を加えるなど、実験者の姿勢を高く評価できる。実験結果については、統計処理を厳密に行い、有意差検定も万全で、結果の意味を実に見事に考察している。一点、難を言えば、今回用いた植物の揮発性成分とその生理作用について、先行研究の知見を序論や考察に纏めておけば、科学論文として、一層、質の高いものになったと思われる。

（神奈川大学理学部　教授　西谷　和彦）

●

努力賞論文

南海トラフ大地震に備え
マグネシウム空気電池を改良
（原題）マグネシウム空気電池の非常用電源への活用
〜高電圧化と長寿命化を求めて〜

愛媛県立西条高等学校
３年　能智 航希　２年　谷﨑 信也　髙橋 圭吾
１年　白川 琴梨　真鍋 友彰

●

背景・目的

　現在、さまざまな分野で電池の開発が求められている。その１つに災害に備えた非常用電源の確保が課題となっている。そこで、近年注目を浴びているのがマグネシウム空気電池である。この電池は**図１**のような構造を有しており、負極にマグネシウム板、電解質水溶液に NaCl 水溶液などを用いて、以下の反応が進行することが知られている [1]。

　　負極：$Mg \rightarrow Mg^{2+} + 2e^-$
　　正極：$O_2 + 2H_2O + 4e^- \rightarrow 4OH^-$

　この電池は高い電圧を取り出せることを期待されており、また乾電池の規格のように電池の大きさや形状が決まっていないため、Mg 板の大きさを変えることで電圧を自在に変えることができる。さらに、この電池は災害が発生した後に注液して用いることができるので、注液するまでは長期

間保存できるという利点がある。

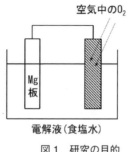

図1　研究の目的

　一方、負極の極板表面について、放電時に不動態の Mg（OH）$_2$ が析出
し、長時間放電できないことは開発課題の1つである[2]。そこで、本研究
ではマグネシウム空気電池の問題点について実験を通して把握し、電解質
水溶液と正極材に注目してマグネシウム空気電池の高電圧化と長寿命化に
取り組んだ。

実験方法

　先行研究をもとに、紅茶用ティーバッグを用いた**図2**のような電池を製
作した[3]。活性炭はヤシ殻活性炭を摩砕してふるいにかけて粒子径を揃え
た粒子径（1 mm～3 mm）のヤシ殻の顆粒状活性炭を使用した。電解質水
溶液は、先行研究を参考に、0.10 mol/L の NaCl 水溶液 15 mL と 0.10 mol/
L の NH4Cl 水溶液 15 mL を用いた[4]。電池の電圧測定は電極に端子をつな
いで、図2の状態でそのまま端子をつないで電圧を測定した。

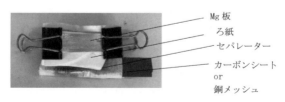

図2　実験方法

従来法の問題点整理

　NH_4Cl の水溶液を用いた従来法の問題は電解質水溶液の pH である。電解質水溶液の pH が酸性の場合は自己放電が生じ、Mg そのものが水溶液中の H^+ と反応する。つまり、電解質水溶液が中性または塩基性であることが求められる。しかし、NaCl 水溶液を用いた場合は高い電圧が取り出せないことから、pH 7 以上で高電圧を取り出せる電解質水溶液の条件を見つけ出す必要がある。また、不動態 Mg $(OH)_2$ の析出も問題となっている。

　さらに、正極材のヤシ殻活性炭を改良できると思われる。活性炭表面上で正極の反応が進行するため、$H_2O/O_2/e-$ が同時に反応する場所が必要である。O_2 に着目すると、活性炭の比表面積の向上により高電圧化を図れる可能性が高い。

　これらの点を踏まえ、本研究では電解質水溶液・正極材の改良に取り組み、高電圧を長時間維持できる電池を製作することを目指した。

研究の方針〜キレート化を用いた不動態析出抑制〜

　Mg^{2+} と EDTA のキレート錯体に注目した。Mg^{2+} はエチレンジアミン四酢酸（以下、EDTA）とキレート錯体を生成することで知られている[5]。また、この Mg^{2+} のキレート滴定では pH を 10 に調製した NH_3/NH_4Cl 緩衝溶液を用いて Mg^{2+} をキレート化することで、不動態析出の抑制を狙った。同様に、多価のカルボン酸としてクエン酸も同様にキレート錯体を形成することが知られている[7]。本研究では、これらのキレート錯体を合成する化合物を電解質水溶液に加えることで、不動態の析出が抑制され、内部抵抗を低減することを狙いとした。

実験結果と考察

　クエン酸三ナトリウム塩と EDTA を用いた電圧の推移を図3に示す。双方とも従来法に比べて明らかに電圧が高くなった。これはキレート化が進行したことが大きな要因であると思われる。そして、表1のように内部抵抗も抑制されていることが明らかになった。

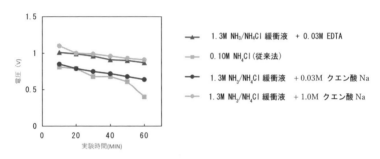

図3　キレート化の効果

表1　内部抵抗の比較

実験条件	内部抵抗[Ω]
従来法	24.9
0.030mol/L EDTA	10.9
1.0mol/L クエン酸 Na	4.3

1　EDTA とクエン酸三ナトリウム塩の条件を比較

　ここで、EDTA とクエン酸三ナトリウム塩の条件を比較する。0.030 mol/L の EDTA とクエン酸三ナトリウム塩水溶液のときは EDTA の方が高電圧を示している。この結果から、同濃度では EDTA の方が不動態の析出を抑制しやすいと考えられる。しかし、EDTA の場合は 0.030 mol/L のときに高電圧を維持していたが、その前後の濃度では電圧がやや低く、クエン酸三ナトリウム塩は濃度を高めるほど高電圧を維持していた。この

違いは、使用した多価のカルボン酸 Na 塩中の Na の組成が影響していると思われる。

2　キレート化の促進について

　今回用いた EDTA はキレート滴定で頻繁に用いられる EDTA 二ナトリウム塩であり、0.10 mol/L のときの水溶液の pH は 4.43 であった。さらに、残り 2 つのカルボキシ基上の H がキレート錯体形成時に H+ として放出される。その結果、pH がさらに低下すると考えられる。緩衝溶液で pH の変化は少なくなっているが、錯体安定定数は pH に大きく依存するため、キレート化が促進されなくなっている可能性が高い[7]。一方、クエン酸三ナトリウム塩のときは EDTA に比べて錯体形成能力が劣るものの、0.10 mol/L のときのクエン酸三ナトリウム塩水溶液の pH は 8.61 であり、カルボキシ基中の H は存在しない。そのため、濃度を極端に高め、高濃度にするほどキレート化を促進できたと考えられる。

ヤシ殻活性炭の賦活実験

　市販のヤシ殻活性炭の比表面積を向上させるため、CO_2 によるガス賦活を行った。ヤシ殻活性炭約 15 g に対して 20 mL/min のガス流量で CO_2 を流し、700 ℃、800 ℃、900 ℃の温度で 1 時間保った。作成した活性炭について、電子顕微鏡による表面構造の観察と比表面積の測定を行った。**図 4** に電圧の推移を示し、**図 5** に賦活前後の活性炭表面の SEM 画像を示す。800 ℃で賦活した条件がもっとも高電圧を示した。また、この条件のときの比表面積は賦活前 1245 m^2/g に対して 1464 m^2/g まで増加している。また、SEM 画像からは、活性炭の表面がスポンジ状になっており、水が浸透しやすくなったと考えられる。以上から、ヤシ殻活性炭では 800 ℃で賦活することで細孔が発達し、比表面積が増加して O_2 の吸着量が増加するとともに、活性炭表面の濡れ性が向上した結果、高電圧を維持できたと考えられる。

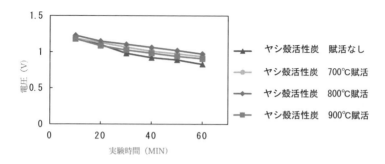

図4　ヤシ殻活性炭の賦活実験

図5　活性炭の表面構造観察

電池の内部構造の改良

　電池を横に寝かせた状態で電極に端子をつなぎ、ろ紙に電解質水溶液を浸み込ませた従来の電池を「ティーバッグ横型」と呼ぶこととする。そこから内部構造を変えた縦にして電解質水溶液をろ紙で吸い上げる電池を製作した。1つは、セパレーターを取り除いてろ紙1枚で電極をはさむ「シングル縦型」、もう1つは、セパレーターを組み込んでろ紙2枚で挟んだ「ダブル縦型」と呼ぶ。この3つの電池について、これまでこれまでと同様に電流・電圧を90分または180分測定して消費電力の推移を求めた。

　180分間の消費電力の実験結果を図6に示す。クエン酸三ナトリウム塩

の条件はもっとも消費電力が高く、実験時間を90分から180分に延長して消費電力の推移を確認した。まず、EDTA よりも全体的に高い消費電力で推移し、ダブル縦型は30 mW 以上を少なくとも3時間以上維持できることを明らかにした。ダブル縦型の電池の構造は、電解質水溶液を吸い上げることで長時間キレート錯体の形成を促進し、従来法を上回る長寿命の電池を開発できることが期待できる。

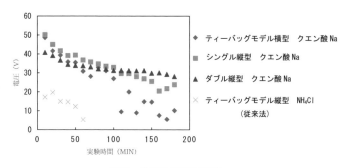

図6　供給量の推移比較

結　論

　本研究では、電解質水溶液と正極材に注目し、高電圧化と長寿命化に取り組んだ。その結果、pH を10に調製した1.3 mol/L NH_3/NH_4Cl 緩衝液と0.030 mol/L EDTA 水溶液の混合溶液を電解質水溶液として用いたティーバッグモデルでは、従来法では24.9Ωだった内部抵抗を10.9Ωまた、1.0 mol/L クエン酸三ナトリウム塩水溶液を用いた場合は4.3Ωまで抑制できることを明らかにした。

　また、ヤシ殻活性炭を CO_2 ガスを用いて1時間800℃で賦活したヤシ殻活性炭を Mg 空気電池に用いた結果、もっとも高い電圧を示した。これは、比表面積の向上と電解質水溶液の浸透しやすさが関係していると考えられる。電池の長寿命化の検討については、ダブル縦型で1.0 mol/L クエン酸

三ナトリウム塩水溶液を用いると、長時間キレート化が促進され、30 mW 以上の消費電力を少なくとも3時間は維持できる電池が製作できた。

今後の課題

　親水性を兼ね備えた炭素系繊維の開発をすることができれば、さらに高電圧を示す Mg 空気電池が製作できる可能性が高い。セルロースナノファイバーと活性炭粉末の複合材料などを開発してみたい。また、電池の構造については縦ダブル型をさらに改良して高電圧・長寿命化を図ることができると思われる。電池の構造についてもさらに探究したい。

〔謝　辞〕

　愛媛大学の御崎洋二先生、八尋秀典先生、山浦弘之先生、愛媛プロテオサイエンスセンターの林秀則先生らから、研究方針の検討から活性炭の実験や分析まで幅広くご指導ご助言をいただきました。この場を借りて厚く御礼申し上げます。

〔参考文献〕

1)　古河電池 製品情報「MgBOX（マグボックス）」（最終閲覧日：2020 年 9 月 1 日）
　　https://corp.furukawadenchi.co.jp/ja/products/mgbox/mgbox.html
2)　佐藤義久「金属空気電池の実用化に関する研究 .p115-p119」（2014）
3)　濱野柊歩「第 61 回日本学生科学賞作品『新型 Mg 空気電池の開発』」（2017）
4)　東京理科大学 I 部化学研究部「マグネシウム空気電池における電解液の検討」（2016）
5)　実教出版編集部「サイエンスビュー p184」（2019）
6)　安江任、小澤聡、荒井康夫「水溶液中のカルシウムとマグネシウムに対する各種錯化剤のイオン封鎖能の測定」日本化学会誌、(6)、pp、767-770（1985）
7)　村上雅彦「キレート滴定法—各種金属イオンへの適応のための基礎・条件・応用—」化学と教育、63、5、p246-251（2015）

●
努力賞論文

受賞のコメント

受賞者のコメント

再現性の保証に苦労した
●愛媛県立西条高等学校　2年　谷﨑　信也

　今回このような賞をいただけたことを光栄に思う。本研究でもっとも難しかった点は再現性の保証である。同じ電池を作ったとしても結果が違うことが何度もあった。しかし、あきらめずに研究に取り組み、再現性を担保できるようになった。その結果、EDTA を電解質水溶液として用いることで従来の問題であった不動態の析出を抑制でき、電池性能の大幅な向上に成功した。また正極材のヤシ殻活性炭をガス賦活することで酸素吸着量を上げ、電池性能が向上することもわかった。さらに、電池の構造を変えることで従来よりも大幅に寿命を伸ばすことができた。これらの成果はたくさんの失敗が糧となり成し得たものである。この研究活動を通して目の前に生じる現象を考察することの大切さを学ぶとともに、研究が上手く進められたときの喜びを実感できた。

指導教諭のコメント

高校生の発想力に驚くことが多かった
●愛媛県立西条高等学校　教諭　大屋　智和

　本研究では、数十年以内に起こるであろう南海トラフ大地震に備えてマグネシウム空気電池の改良に取り組んだ。地域課題の解決に向けて議論や実験を日々行う様子を見て心強く思う。また、キレート化による論理的なアプローチを思いついたことから、電池に水をかけて電圧が向上したことをきっかけに内部構造を改良する着想に至るまで、高校生の発想力に驚くことが多かった。また、時には長時間実験をしなければならない大変な時期もあり、大学の研究室のような研究生活をわずかながら体験していた。

　本研究の最終目標は、市販のマグネシウム空気電池を上回る性能まで改良することである。引き続き、高校生から生まれる柔軟な発想をもとに、マグネシウム空気電池の開発につなげて欲しい。

未来の科学者へ

後輩が引継ぎ、大賞を目指せ！研究は始まったばかりだ

　近年、エネルギー問題を解決する一つの方法として、電気自動車に見られるような大容量電池の開発が注目されている。本研究テーマに取り上げられた空気電池はリチウムイオン電池に比べて性能が高く、体積エネルギー密度（単位体積当たりにどれだけのエネルギーを貯められるかの指標）はガソリン並であることから、空気電池は究極の電池と呼ばれる電池だ。研究・開発はまだまだ始まったばかりで、20年後くらいに実用化するために研究が地道に進められている。このテーマを選択したことはタイムリーであり、まさに皆さんが取り組むべきテーマである。高校生の論文ではデータ量が少なく、もう少し実験を進めて苦労した結果を出せば良いのになと常々思うが、この論文は電池の正極、負極、電解質溶液、電池の構造について検討しており、努力の多さが垣間見られるものになっており、これまでに私が感じた不満はなかった。実験計画が練られたものになっており、論文のデータを示す展開も非常に良い形を取っていることも好印象だった。実験方法は高校生が取り扱えるもので最大限に工夫を凝らしていることもあり、ここまで高校生でも勉強しているのか！と感心させられた。賦活化ということも知っているんだ！かなり調べているなと思った。1つ難点を言えば、突き抜けたアイディアが感じられないこと。優秀であるが、1番ではないと言える感想だ。今後は、電池の性能が低下せずに、性能を持続させる何かしらの改良が必要であると考える。空気電池の研究はまだ始まったばかり。改良する点は多くあると思う。皆さんは、実験はやりつくしたと考えていると思うが、ここからが本当の研究だ。皆さんが使えるようなものでアイディアをひねり出してほしい。皆さんが手に入れられるような普通のもので性能が出せれば、安い電池ができて、その電池は一気に普及する。一時期の研究でとどまらず、後輩が先輩の良いところを引継ぎ、新たな改良を加えることを続ければ、きっと大賞までたどり着くと思う。

（神奈川大学工学部　教授　松本　太）

●

努力賞論文

「肱川あらし」の出現原理を探る
（原題）日本三大あらし「肱川あらし」の出現予測

松山聖陵高等学校　科学研究部　肱川あらし班
２年　小田 陽史　菊池 征起　河野 翔

●

研究の目的

　肱川（ひじかわ）は、四国の南予地方を流れる肱川水系の本流で、一級河川である。流路の全域が愛媛県内を流れている。

　「肱川あらし」は大洲（おおず）盆地で発生した霧が肱川沿いを強風を伴って伊予灘に流れ込む珍しい自然現象で、大洲盆地から肱川河口までに川の両側に山が重なっている独特の地形がこの絶景を生み出す。肱川あらし・川内川（せんだいがわ）あらし・円山川（まるやまがわ）あらしを日本三大あらしという。この研究は昨年度に先輩が行った継続研究で、大洲・長浜アメダスデータを使って、肱川あらしが出現した前日の気象状況を検証して肱川あらしの出現を予測することを目的とする。

研究方法

1　肱川あらしの規模を判定

　昨年度は YouTube の瀬戸内海チャンネルの動画より３年間 69 件の肱川

あらしの規模を判定した。規模は放射霧（霧の厚さ3点、霧の濃さ1点、川面の近さ2点）の6点満点、蒸発霧（川面からの霧3点、海の冷気の痕跡1点）の4点満点の合計10点満点である。

　合計4点以上の中規模以上49件について、前日10時から24時間を4時間ごと6ブロックに分けて、1時間ごとの風向き、風速、気温、降水、日照の5項目について、大洲と長浜アメダスのデータを分析した。

　その結果、日中は大洲で北北西風と北風が、長浜は北北東風と北東風が肱川を遡る海風となり、夜間は大洲で西南西風と南西風が、長浜は南風と南南西風が肱川を下る海風となる。そこで、日照時間や午後の最高気温と21時の気温差、降水、風向きなどで前日21時時点で、翌日に肱川あらしが出現を予測するチェック表を作成した。

　今年度は2019年度の28件を加え計97件で分析する。2019年10月10日の初あらしを**図1**に、12月25日の今年度最大級のあらしを**図2**に示す。図1は規模3.3チェック表の得点は82点、図2は規模8.7得点29点とあらしの規模とチェック表の得点があまりにも一致していない。これは12月25日の前日の日照時間が両アメダスで0時間、大洲で11.5 mmの降水があった。今年度は大洲の日照時間4時間以上と未満に分けて分析を行った。

図1　10月10日の初あらし

図2　12月25日の最大級のあらし

2　データを Excel に入れる

　気象庁 HP の過去の地点気象データ・ダウンロードから、97 件の肱川あらしが出現したデータを Excel に入れ、大洲の日照時間 4 時間未満 23 件と 4 時間以上 74 件を各グループごとに風向きを第一優先キーにして並びかえ、各風向きの件数、風速・気温の平均と 0.5 mm 以上の降水があった件数・日照時間の合計をカウントする。

　次に表全体を 16 方位の順番で並び変える。**表 1** は大洲の 2G のデータ、**図 3** は大洲アメダスの前日 10 時から 21 時の風下分布、**図 4** は長浜アメダスの風下分布である。この結果、日照が少ないときは大洲で静穏、長浜で東北東風を新チェック表の項目として加えることにした。

　今年度の新チェック表は大洲の日照時間×2 点、長浜の日照時間×1 点、風向きは各アメダスの 5 方向を×2 点、大洲の最高気温と 21 時の気温差を×1 点、長浜の海水面温度と大洲の 21 時の気温差を×1 点、降水補正として前日 1 mm 以上の降水があれば 20 点を加えることにした。

　この結果、図 1 の新チェック表は 82 点から 84 点、図 2 は 29 点から 59 点になり、肱川あらしの約 25％を占める日照時間が少ないときに起こる肱川あらしのチェック表の得点を補正することができた。

表1　大洲の 2G 前日 14 時から 17 時までの気象状況

| | | 大洲　日照小23件　2G　前日14時～17時 | | | | | | | 大洲　日照大74件　2G　前日14時～17時 | | | | | | |
昇順	16方位	風下	風向き	件数	風速	気温	降水	日照	風下	風向き	件数	風速	気温	降水	日照
8	1	北	南						北	南	4	1.0	13.4	0	2.9
11	2	北北東	南南西						北北東	南南西	8	1.3	16.1	0	5
9	3	北東	南西	4	1.2	10.4	0	1.2	北東	南西	12	1.2	14.6	0	8.5
2	4	東北東	西南西	13	1.0	9.4	0	2.9	東北東	西南西	28	1.9	15.2	0	19.8
1	5	東	西	16	2.6	11.3	2	3.6	東	西	11	2.9	15.4	0	9.8
3	6	東南東	西北西	6	3.1	11.6	0	2.1	東南東	西北西	13	1.7	15.1	0	10.9
14	7	南東	北西	4	1.9	14.3	1	0.3	南東	北西	49	2.3	17.1	0	42.2
16	8	南南東	北北西	8	2.4	11.6	0	1.5	南南東	北北西	105	2.9	17.8	1	97.6
13	9	南	北	11	1.7	10.3	1	1.8	南	北	26	1.9	17.5	0	23.1
17	10	南南西	北北東	5	1.0	11.9	1	0	南南西	北北東	17	2.5	17.1	0	13.1
15	11	南西	北東	7	1.8	8.8	1	2	南西	北東	9	1.7	19.2	0	8.1
7	12	西南西	東北東	2	2.0	14.9	0	0.8	西南西	東北東	5	1.7	15.8	0	4.8
5	13	西	東	5	1.1	10.3	2	1	西	東	2	0.6	15.8	0	1.8
6	14	西北西	東南東	1	1.6	7.0	1	0	西北西	東南東	4	0.8	20.9	0	3.1
10	15	北西	南東	2	0.6	9.4	0	1.4	北西	南東	2	0.9	18.6	0	1.5
12	16	北北西	南南東	1	0.4	4.1	0	0	北北西	南南東					
4	17	静穏		7	0.1	9.6	1	0	静穏		1	0.2	15.3	0	1
		計	平均	92	1.7	10.6	10	18.6	計	平均	296	2.3	17.0	1	253.2
					降水率	10.9	日照率	20.2				降水率	0.33	日照率	85.5

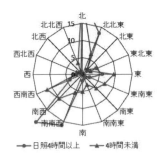

図3　大洲の 12 時間の風下分布

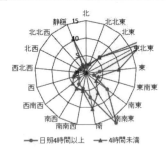

図4　長浜の 12 時間の風下分布

実験結果

1　肱川あらしの出現率

　図5 は、4 年間の 10 月から 3 月の下半期 730 日間について、肱川あらしの出現と新チェック表の得点の度数分布である。肱川あらしが出現した 97 日の前日の新チェック表の得点は平均 70.1 点・標準偏差は 12.8 である。肱川あらしが出現なし 633 日の前日の新チェック表の得点は平均 54.0 点・標準偏差 16.3 である。

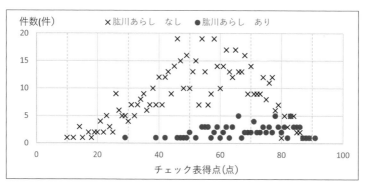

図5　肱川あらし　あり・なし　前日の新チェック表の度数分布

　730日間の肱川あらしの出現は97件であり出現率は13.3%である。

　肱川あらしの出現は10月19件・11月38件計57件と全97件の59%を占める。**図6**は肱川あらしの出現が多い大洲の日照時間と新チェック表得点の散布図である。特に10月は19件すべて日照時間4時間以上で、11月中旬から日照時間4時間未満が6件あり、内5件は降水がある。図には▲で示している。

　10月・11月は日照時間6時間以上、新チェック表の得点70点以上で肱川あらしの出現が多いことがわかる。

　12月・1月は日照時間4時間以上17件と4時間未満13件となり、13件中降水ありが10件占める。2月・3月は4年間で10件と極めて少ない。12

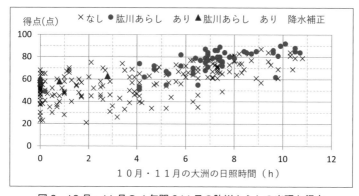

図6　10月・11月の4年間244日の肱川あらしの出現と得点

月以降は日照時間が短くなるので新チェック表が60点台でも肱川あらしの出現がある場合が多く規模も比較的大きい。

2　肱川あらしの規模

　図7は97件の肱川あらしの規模と新チェック表得点の散布図である。線形近似式下のR2＝0.1919の平方根はR=0.44になる。念のためExcelのCORREL関数で計算すると相関係数は0.44になった。

　統計学では相関係数が0.4〜0.6は正の相関がある範囲に入るが、新チェック表が80点以上でも肱川あらしが出現しない場合があるので規模とチェック表の得点は正の弱い相関があるに留めるべきであると思う。

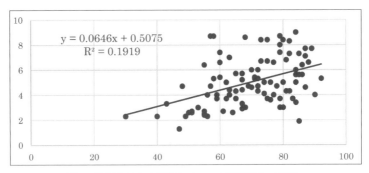

図7　肱川あらしの規模とチェック表の得点の相関

考　察

　2015年10月から2019年3月まで730日間に出現した97件の肱川あらしの規模と気象状況の一覧表を作成した。紙面の都合で分析した項目の平均を表2に示す。

　年度別では、2017年度が厳冬で、10月は降水が多く出現は0、他の3年間より1月遅れで肱川あらしが出現している。2018年度は1月18日が最終で2月・3月は0である。2019年度も1〜3月は4件である。両年とも暖冬である。2016年度は肱川あらしの動画がきわめて少ないので集計の対象としていない。

表2　4年間4年間の肱川あらしの規模と気象状況の平均

		件数	大洲						規模			チェック表			長浜						
			前日日射時間	前日最高気温	前日21時気温	当日最低気温	21時気温差	24h気温差	放射霧	蒸発霧	規模	日射気温風向	降水補正	計	前日日射時間	海水面温度	当日最低気温	海水一長最低	21h差	干潮→満潮	大潮
4年間出現平均		97	5.7	17.4	8.5	5.6	8.9	11.7	3.2	1.8	5.0	66.7	3.4	70.1	6.4	18.5	6.5	12.1	10.1	0.70	0.21
大洲日照	4時間未満	23	1.4	12.6	6.9	4.1	5.8	8.6	2.6	1.3	3.9	43.5	14.5	58.0	1.9	15.3	4.8	10.6	8.5	0.70	0.17
	4時間以上	74	7.0	18.8	9.0	6.1	9.8	12.7	3.4	2.0	5.4	73.9	0	73.9	7.8	19.5	7.0	12.5	10.5	0.70	0.22
年度別	15年度	21	5.6	20.6	11.0	8.3	9.6	12.3	3.5	1.4	4.9	69.5	2.7	72.2	7.0	20.8	6.4	12.3	9.9	0.68	0.05
	17年度	22	4.4	13.6	5.7	2.8	7.9	10.8	2.6	1.9	4.5	57.4	7.5	64.9	5.2	15.0	3.8	11.2	7.2	0.82	0.27
	18年度	26	6.4	18.7	9.4	6.5	9.3	12.2	3.3	2.0	5.3	70.0	2.3	73.7	7.2	19.3	7.5	11.8	10.0	0.62	0.19
	19年度	28	6.2	16.9	8.1	5.5	8.8	11.5	3.6	2.0	5.6	69.7	2.2	71.9	6.2	19.5	6.4	13.1	11.3	0.75	0.29
月別	10月	18	7.5	24.1	14.0	10.6	10.1	13.6	3.6	1.5	5.1	77.4	0	77.4	8.6	23.2	11.5	11.7	9.2	0.67	0.17
	11月	37	6.2	18.7	9.4	6.7	9.3	12.0	3.1	2.1	5.1	70.4	2.7	73.1	6.9	20.5	7.6	12.9	11.1	0.68	0.14
	12月	19	4.5	14.6	6.2	3.5	8.5	11.1	3.1	1.8	4.9	62.6	5.2	67.8	4.9	17.4	4.3	13.0	11.2	0.74	0.26
	1月	13	3.9	11.8	4.2	1.8	7.6	10.1	3.5	1.8	5.3	55.7	6.5	62.2	4.5	12.9	2.5	10.4	8.7	0.92	0.38
	2月	6	6.0	10.5	3.7	0.8	6.8	9.7	2.7	1.3	4.0	56.3	5.0	61.3	5.9	12.3	1.2	11.1	8.6	0.50	0.17
	3月	4	4.3	15.8	7.7	3.7	8.1	12.1	3.8	1.2	4.9	54.3	5.0	59.3	5.5	12.5	4.4	8.1	4.9	0.50	0.25

結　論

1　大規模な霧の発生が原因

　肱川あらしは大洲に霧が発生することが第一条件になる。初あらしは10月中旬に多い。秋の移動性高気圧で好天が続くと、伊予灘（いよなだ）からの海風が水蒸気を運び大洲盆地に溜まってくる。この頃から放射冷却によって夜間の気温が低下すると、水蒸気が露点温度に達し低地に霧が溜まり続け盆地霧が上空まで発達する。また、冬季の気温が低いと大気中に含まれる飽和水蒸気量が少ないので、昼夜の気温の差がそれほど大きくなくても露点温度に達する。前日に、弱い雨が降れば、大気中に水蒸気が供給され続け、大規模な霧が発生することがある。これが12月に日照時間が0時間でも大規模な肱川あらしが出現した原因だと思う。

2　肱川あらしの出現原理

　肱川河口から2.5 kmの大和橋から5.5 kmの白滝大橋までは特に両側の山のため狭窄している。長浜アメダスでは夜間に長時間、南風が吹き続けている。ベルヌーイの定理は「流体は速度が増すほど圧力が低下する」。このため、白滝大橋から大和橋まで気圧が低くなる。このことで、掃除機で吸いこまれるように八多喜地区に溜まった霧が一気に河口まで高速で流れ出る。その冷気で肱川河口に蒸発霧が発生する。これが肱川あらしの出現

原理だと思う。

　私たちが作った新チェック表から少なくとも、初あらしから11月までは75点、日照の少ない12月は70点を超えればかなりの確率で肱川あらしが出現する可能性が高い。1月〜3月は肱川あらしが出現する件数が少ないので、新チェック表での得点での予測は難しい。

　大洲アメダスは西大洲に長浜アメダスは長浜港にあり、それぞれの市街地の中心部にない。風は周囲の地形の影響を大きく受け易くアメダスの風向きが地域全体の風向きを表すものでなく、アメダスデータは1時間毎の定時における瞬間値である。風向きの件数や気温差をもって肱川あらしの出現が予測できるかという危惧は自分たちにもある。しかし、世論調査や視聴率も任意の集合データから傾向を読み出す。97件の肱川あらしの前日730日間のデータの集計結果はある程度の信頼性があると思う。

〔参考文献〕

1)　肱川あらし研究会　「肱川あらし」大洲市長浜町（2008）
2)　深石一夫「愛媛の気象—ふるさとの大気環境を探る—」愛媛文化振興団（1991）
3)　YouTube「瀬戸内海チャンネル」に投稿された動画
4)　気象庁ホームページ「アメダス／表形式　＜各種データ・資料＞過去の地点検索、過去の地点気象データ・ダウンロード、潮位表」
5)　第6管区海上保安本部「海象情報　詳細水温データ画像」

●
努力賞論文

受賞のコメント

受賞者のコメント

Excel で苦労した

●松山聖陵高等学校

小田 陽史　河野 翔　菊池 征起

　私の両親は昔大洲に住んでいたことがあり、先輩の論文を見たとき、私は母が以前に話していた霧がこのことであると気がつき、八幡浜の祖父母の家に行くとき肱川を通るので赤橋は私にとって馴染みのあるものだった。

　最初に人間の住む町並みをすっぽりと覆い隠す巨大な霧に自然の雄大さを感じた。次にインターネット上のさまざまな気象データを Excel で集計し、肱川あらしが出現する条件を調べた。この作業が私にとっては一番困難だった。Excel の使い方が不慣れな私たちは、結局締め切りに間に合わず先生に手伝ってもらった。数十時間に及ぶこの作業はなかなかのハードワークだったが、3 人で手分けして作業したことがまとまると、一見バラバラに見えたデータが、新たなデータを生み出してくることにとても感動した。

指導教諭のコメント

肱川あらしに魅了されて

●松山聖陵高等学校　非常勤講師　永井 英一

　私が肱川あらしの存在を知ったのは NHK の番組だった。地元の長浜高校に資料をもらって研究を開始したが、最近の肱川あらしの出現日がわからず、ネットで検索すると YouTube「瀬戸内海チャンネル」に時折肱川あらしの投稿があり、出現日が明記されていた。

　幸いにも大洲と長浜にアメダスがあり、そのデータを分析すると、前日 10 時から 21 時までのデータで翌日の肱川あらしの出現がある程度予測できるようになった。4 年間で 97 件のデータを分析しましたが、今年度のチェック表もまだまだ改良の余地があると思っている。生徒とともにこれからも研究を継続したいと考えている。

努力賞論文

未来の科学者へ

結果を出すまでの努力と忍耐力は賞賛に値する

　実際に見たことはないが、映像で見る限り、肱川あらしは実に荘厳な気象現象である。その現象がいつ、どのようにして現れるのか、気象現象に興味のある者なら誰しもが解明したいと思うのは当然だ。しかし、この論文を読むと、気象現象の解明はそう簡単ではないらしい。気象現象は「風が吹けば桶屋が儲かる」かの如く、さまざまな要因が複雑に関わり合い生じる現象である。最近の地球温暖化に関わる研究も同じだ。

　松山聖陵高校科学研究部は2年間に渡りこの難題の解明に向けた研究を進めてきた。この研究では、過去4年間に発生した97回の肱川あらしを対象とし、発生前日からの大洲と長浜の気象状況をアメダスデータを利用し、発生前日の午後9時までに発生する気象条件をかなりの確度で予測できることを明らかにした。論文を読み、結果を出すまでの並々ならぬ努力と忍耐力は賞賛に値する。

　一方、この論文の最大の難点は間違いなくプレゼンテーションである。残念ながら学術論文としては体裁を成しているとは言い難い。一部には感想文的なところもあり、気象学の専門家ではない評者は、読むのにかなり苦労した。理解できないところもあった。科学論文の評価は結果がもたらす学術的意義が最も重要なのは言うまでもないが、その前に、まずは研究成果を無理なく読者に理解してもらわなければならない。そのためには記述や図表の意味が、読者に理解してもらえるかどうかを常に意識しながら書く姿勢が大切だ。

　著者らの研究者としての優れた資質は疑う余地がないだけに、かなり厳しいことを指摘したが、この研究テーマは実におもしろい。今後の同校科学研究部の肱川あらしの発生要因解明に向けた研究に期待する。

（神奈川大学理学部　特任教授　加瀬　友喜）

●
努力賞論文

「水のはね上がり」を科学する

（原題）固体物を水面に落とした時の水のはね上がりに関する研究

愛媛県立松山南高等学校　水滴班2020
3年　高城 和佳　竹田 夏菜　西尾 怜愛
●

課題設定の理由

　雨の日、台所、トイレなど、日常生活の中で、水がはね返る光景はよくみられる。本校の水滴班では、この水がはね返るという現象に興味をもち、その原理や性質を解明することができれば、水が飛び散る現象を防ぐなどの改善ができると考え、研究方法を変えながら継続して取り組んでいる。

　先行研究より、水滴を水面に滴下する高さを大きくすると、はね返る水滴の高さは一度大きくなった後に収束することが明らかになっている。また、水滴の質量が大きいほど、はね上がりの高さを示すグラフが左へシフトする傾向にあることも判明している。

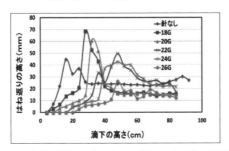

図1　水滴の滴下の高さとはね返りの高さとの関係

　しかし、この水滴のはね返りは水面付近での挙動がわかりにくいという課題があった。そこで、本研究では水面付近の挙動を明らかにするため、落下物のみを固体に変えて研究を行った。

仮　説

　私たちは、このような水がはね上がる現象では落下物のもつエネルギーや運動量といった物理量が、水滴のはね上がる高さに関係すると考えた。そこで、本研究において、固体物である金属球を落下させる場合、水滴の場合に比べて大きな物理量をもつ金属球が液体と衝突することから、次のような仮説を立てた。

【仮説】　水面に固体物である金属球を落下させる場合、はね上がりの高さは水滴を落とす場合よりも大きな増加を見せる。しかし、ある程度の高さで頭打ちになる。

実験方法

　実験器具は次のとおりである。

> 金属球、金属球落下装置、水槽、実験台、ものさし、照明器具、反射板、ハイスピード撮影対応デジタルカメラ（CASIOHIGH SPEED EXILIM EZ-ZR850）・（Panasonic DC-TZ90）、磁石、暗幕

・金属球（直径 11 mm）を水面（水深 35 mm）に落下させ、水滴がはね上がる様子を動画で撮影する。落下させる位置の水面からの高さは 4 cm 刻みで変え、各高さで 20 回行う。
・PC の動画再生ソフトでコマ送り再生する。
・それぞれ求めたい瞬間の静止画を用いて、画像上の画素数からはね返り

の高さを求める。はね上がる水滴の高さの測定は、はね上がった水滴が複数ある場合は、最も高くはね上がったものを測定の対象とする。
・動画の解析は、撮影した動画をパソコンの動画再生ソフト（Quick time Player）で再生する。コマ送り再生で求めたい瞬間の静止画を保存する。

実験結果

金属球を落とす高さとはね上がった水滴の高さの関係を**図2**に示す。64 cm〜72 cm にかけてはね上がりの高さが急増することがわかる。また、仮説では、ある程度の高さでは頭打ちになると予想したが、72 cm〜80 cm においては、急減するという結果になった。この付近でははね上がりの高さに大きなばらつきが見られた。

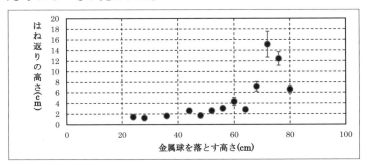

図2　金属球を落とす高さとはね上がった水滴の高さの関係

考　察

1　はね上がりの高さの増加の考察

まず、はね上がりの高さ 64〜72 cm にかけて、はね上がりの急増が見られる。中でも大きな増加が見られたのが 68〜72 cm の区間で、金属球を落とす高さは 1.06 倍の増加に対し、はね上がりの高さの平均は 2.17 倍増加し

ている（図2）。

　これに比べ、先行研究のグラフ（図1）では、水滴を落とす高さは1.17倍の増加に対し、はね上がりの高さの増加は最大で3.29倍である。このことより、水滴の場合の方が、固体物よりも大きな増加が見られることから、仮説の「水面に固体物を落とす場合、はね上がりの高さは水滴を落とす場合よりも大きな増加を見せる」は、否定された。

2　はね上がりの速さについて

　本校の水滴班による先行研究（2019）では、はね上がりの速さがはね上がりの高さに関係することが報告されていた。このことから、はね上がりの速さが減少することで、高さが減少したのではないかと予想した。検証の結果を**図3**に示す。

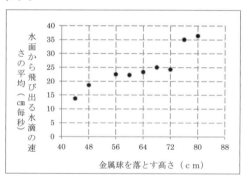

図3　金属球を落とす高さとはね上がった水滴の速さの関係

　はね上がりの高さの急減が起きた72 cm以降において、はね上がりの速さは増加するといった結果になった。このことにより、はね上がりの速さが低下することで高さの減少が起こるという考えは否定された。

3　はね上がりの角度について

　引き続きはね上がりの高さが減少する原因を探っていたところ、動画データから水滴が放物線を描くようにはね上がることに気がついた。このことから、私たちは水滴がはね上がる角度が関係するのではないかと考えた。

当初はカメラ1台で正面から撮影をしていたが、水滴の放物運動は三次元的な動きをするため、2台のカメラを用いて二方向から同時に撮影することで、角度を割り出せるように改善した。結果を**図4**に示す。高さ72 cm以降においては角度の減少が見られた。このことから、はね上がりの高さが減少する原因は、水滴がはね上がる角度が小さくなるためであると考えられる。

　4　3の実験結果より、72 cmを境とする角度の減少がなぜ起こるのだろうかという新たな疑問が生まれたため、さらに詳しく解析を行うことにした。

　はね上がりの角度を表すグラフ（図4）を点グラフ化すると、80°付近と45°付近にデータの集まりが存在することが判明した。したがって、変極点である72 cmを境に水滴のはね上がり方そのものが変化しているのではないかと考えた。実際に、水面の様子を撮影して検証したところ、2つのはね上がり方を観測することができた。それぞれをA、Bとし以下に示す。

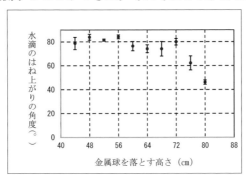

図4　金属球を落とす高さと水滴のはね上がりの角度の関係

　図5のはね上がりAでは、金属球が水面に接触した後、周囲の水が金属球の表面を伝うように上がっていき、形成された水柱の先端から水滴が飛び出していることから、Aにおけるはね上がりの水滴は水柱に由来することがわかった。Bのはね上がり方には、Aで見られた水柱の形成は見られず、金属球の表面を覆う水も確認できなかった。また、はね上がる水滴は水面に由来することがわかる。

図5　（左）はね上がり方A、（右）はね上がり方B

　一見すると、これらのはね上がり方の違いが72 cm以降のはね上がりの角度の減少を引き起こしたのではないかと考えられる。しかし、図6によってBのはね上がり方はごくわずかで落下の高さに関わらず不定期に見られたことから、これらの違いが角度の減少を引き起こす要因とはいえないことがわかる。

物体を落とす高さ(cm)	44	48	52	56	60	64	68	72	76	80
はね上がりA	8	10	10	10	10	9	9	10	10	9
はね上がりB	2	0	0	0	0	1	1	0	0	1

図6　金属球を落とす高さとはね上がりA、Bがみられた回数

　また、金属球の衝突速度の増加に伴って、Aのはね上がり方における水柱と、そこからの水滴の生成にある傾向が見られる事に気づいた。図7は、金属球を落とす高さが76 cmの時に形成された水柱と水滴である。このよ

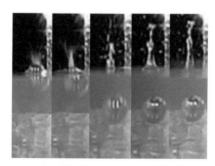

図7　金属球を落とす高さが76 cmのときに形成された水柱と水滴

うに、金属球を落とす高さが高い程、水柱の形成が不安定になる傾向が見られた。この時、水柱の形成はより素早くなり、分裂した複数の水滴がさまざまな方向へ飛び散る様子が見られたことから、はね上がりの角度の減少に関係していると考えられる。

結　論

以上の実験並びに考察で明らかになったことは次の3つである。

- 金属球を落下させた時に水滴のはね上がる現象では、先行研究の水滴を落とした場合同様、水滴がはね上がる高さは落下させる高さが高くなるにつれ大きくなるが、ある高さを境に減少する。
- はね上がりの高さの減少は水滴がはね上がる角度の減少によるものである。これは、Aのはね上がり方において、金属球の衝突時のエネルギーが大きくなることで水柱の形成が不安定になり、複数の水滴がさまざまな方向へと飛び出るためである。
- 金属球を水面に落下させた時の水滴のはね上がり方は2種類存在する。

今後の課題

今後は、はね上がりの角度の変化を引き起こすと考えられるはね上がり方Aにおける水柱からの水滴の分散についてより詳しく解析を行いたい。また、2種類の異なるはね上がり方が存在することが確認できたが、はね上がり方Bは、どのような条件下で出現するのかについても調べたい。

落下物の大きさや形、密度などを変えた場合にどのような違いが表れるか、対照実験を行うことでこの現象のメカニズムを解明することができれば、日常生活の改善に応用することもできるだろう。

〔謝　辞〕

　本研究を行うにあたり、愛媛大学工学部機械工学科の向笠忍準教授にハイスピードカメラでの撮影について御指導御助言をいただきました。また、数多くの助言を頂きました愛媛県立東温高等学校の本藤雅彦先生、愛媛県立松山南高等学校の露口猛先生、参河厚史先生、大西大輔先生をはじめ、本研究にご協力頂いたすべての方々にこの場をお借りして厚くお礼申し上げます。

〔参考文献〕

1)　千葉県立船橋高等学校「ミルククラウンの発生条件」(2014)
2)　学校法人奈良学園　奈良学園高等学校「水中を落下する球状物体に働く抵抗力」(2013)
3)　滋賀県立膳所高等学校「球体の落下運動」(2017)
4)　愛媛県立松山南高校 SSH 水滴班「水面に形成される水柱に関する研究」(2016)
5)　愛媛県立松山南高等学校 SS 物理水滴班「水面からはね返る水滴に関する研究」(2017)
6)　愛媛県立松山南高等学校三代目水滴班「水滴が水面から大きくはね返る条件を探る (2019)

努力賞論文

受賞のコメント

受賞者のコメント

発表会で討論したりすることで
新たな考え方に出会う

●愛媛県立松山南高等学校　3年　西尾 怜愛

　水のはね上がりは日常生活においてよく見られる現象であり、それ故に水滴の研究は比較的やりやすい題材ではないかと考えていた。しかし、いざ研究を始めてみると、そのしくみを科学的に説明するには何千というデータを必要とする複雑な現象であるということを実感することとなった。特に、複数のソフトを併用して1000 fpsの動画を1コマずつ手作業で調べ上げる解析作業はもっとも骨を折った。しかし、それらを踏まえて考察したり、発表会で討論したりすることで新たな考え方に出会い、水滴の性質を明かしていく過程を楽しむことができた。中でも、研究に行き詰った時、これまでになかった三次元的な視点で水滴の運動の解析を行うことにより、はね上がりの高さの減少の原因を明らかにできたことが大きな最も喜びだった。

指導教諭のコメント

生徒たちの科学に対するモチベーションがより一層高まった

●愛媛県立松山南高等学校　教諭　大西 大輔

　本研究は、本校の生徒が何代かにわたり研究を続けてきたものの継続研究であり、この先行研究を活かしながら新たな課題を発見し、研究を進めてきた。固体物が水面に落下したときに形成される水柱や水滴のはね上がりは、日常生活においてもよく見られる現象である。しかし、水という流体に関する現象であり、実験の再現や条件の整備が難しく、研究を進めていく中で困難な場面も多くあったが、根気強く実験を繰り返す姿に感心させられた。

　本受賞は、その努力が報われる非常にうれしいものである。そして、彼女たちの科学に対するモチベーションがより一層高まったことが何よりである。最後に、本研究を支えてくださった先生方に感謝を申し上げたい。

努力賞論文

未来の科学者へ

どうせやるなら楽しまないともったいない

　受賞おめでとう。評価をしましたが、研究の基本がよく抑えられているよい論文だった。仮説を立て、それを検証する方法を考え、実施し、得られた結果から考察する、という流れがよくできていた。

　水飛沫という複雑な現象に対して、数多くの試行から得られた結果に対する観察力には目を見張るものがある。研究においてこの観察力というものは大切なものであるが、一朝一夕では身につかないものであり、日々よく物事を見ているであろうことが伺えた。

　また、論文もわかりやすくまとめられており、論文を書く上で肝要となる、相手に伝える文章を書く、という技術も一定の水準に達していた。これがなかなか難しいことであり、読者の立場に立って自分の論文を見るということができなくてはならない。論文において必要なことは、読んだ人間が自分と同じことをできるかどうか、だ。その点において、この論文は十分だと言っていいだろう。

　未来の科学者になるかもしれないあなたたちへ伝えることは、学びを楽しもう、ということだ。楽しんでいる人間と嫌々やっている人間とでは習熟の度合いも違うし、何よりどうせやるなら楽しまないともったいない。何に楽しみを見出すかは人それぞれ。知識を蓄えることに楽しみを見出す人もいれば、新しい発見を楽しむ人、できることが増えることを楽しむ人もいる。自分なりの楽しさを学びに見つけられれば、それが科学者への道の第一歩となることだろう。

（神奈川大学工学部　特別助教　栗原　海）

努力賞論文

砥部焼を温かみのある 赤色釉薬で覆いイメージ刷新
（原題）釉薬表面に生じる青色酸化被膜除去の方法の開発

愛媛県立松山南高等学校　砥部焼梅ちゃんズ
３年　熊谷 響輝　吉田 匡希　渡部 華夏

はじめに

　砥部焼は愛媛県砥部町を中心に作られる陶磁器である。愛媛県の特産物の１つで、約240年の歴史を誇り、厚手の白磁に薄い藍色の唐草模様が特徴である。ところが「東京に住む人に向けた愛媛県の認知度に関する調査」によると、砥部焼の認知度は各年代の平均はわずか8.7％で、特に若年層は高齢者と比べると４分の１にも満たない。

　そこで３年前から砥部焼の活性化を目指し、砥部分校と共同で研究を行っている。砥部焼の里の特産品の七折梅は、剪定した枝の処分が問題であるためこの枝を用いて釉薬の研究を行った。お皿を温かみのある赤色釉薬で覆うことで砥部焼のイメージを刷新し、若者への認知度の向上を目指した。

実験方法

1　釉薬について

　釉薬は、陶磁器の表面をコーティングするガラス層のことである。一般的に主原料に長石、媒熔剤に植物灰、補助剤に藁灰を用いる。補助剤は主原料、媒熔剤だけで釉薬として機能しない場合に用いるが、先行研究[4]より梅枝の場合、補助剤が必要ないと考えられたので、主原料に福島長石、媒熔剤と補助剤に梅枝の灰を用いた。釉薬は基本的に透明で着色剤で色をつけるが、金属成分の化学変化によって釉薬自身を発色させることとした。

　梅枝の灰を愛媛県窯業技術センターで X 線分析を行った結果、媒熔剤の成分は多いが、発色の成分が乏しいことがわかったため、化学成分を加えることで目標の色を目指した。

2　七折梅の灰の作製

① 剪定した枝を集めて乾燥した。

② 燃やして灰にし、アルカリ分や不純物を取り除く水簸を行った。

③ 600 µm、150 µm、75 µm の順にふるいにかけ、炭などの余分なものを除去した。

④ 乾燥させた後、③と同じ手順で粒子の大きさを均一にした。

3　テストピースの作製

① 灰と福島長石（以下長石とする）を適量取り、混合した。

② ①と同量程度の水を加えた。

③ ②を筆に含ませ、素焼き板（あらかじめ 900 ℃で焼成を行ったもの）に塗り、1250 ℃で還元焼成を行った。

課題設定の理由

1　予想もしない結果

　先行研究[4]よりイチョウの灰に CuO を加えると、赤系統の発色が見られることがわかっている。梅枝の灰でも同様の結果が得られると考え、梅枝の灰：長石の割合（質量比）を変え Li_2O 10％、CuO 1％を添加した。すると、予想もしない青色の発色が見られた（**図1**）。

　灰や長石のような天然物にはいろいろな成分が含まれている[4]ため、原因を突き止めにくい。そのためシリカとアルミナに媒熔剤を添加して実験を行った。そして、釉薬の状態を一定にするためにゼーゲル式を用いた。

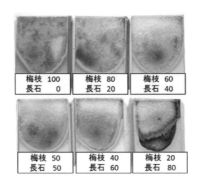

図1　梅の枝と長石に CuO を添加

2　ゼーゲル式を用いた実験

①ゼーゲル式について

　ゼーゲル式では釉薬の状態を事前に考察することや化学的に操作することができる[2]。

　釉薬の主成分である酸性酸化物（SiO_2）、融点を下げる塩基性酸化物（媒熔剤）、安定化させる働きをもつ中性酸化物（Al_2O_3）の物質量で表す。このグラフ（**図2**）は、横軸が $\dfrac{SiO_2(mol)}{媒熔剤(mol)}$、縦軸が $\dfrac{Al_2O_3(mol)}{媒熔剤(mol)}$ になって

おり、原点に近づくにつれて熔けやすくなる。グラフ④は砥部焼に使われている釉薬の平均値で $SiO_2:Al_2O_3=4.0:0.45$ となっている 1)。Ⅰ～Ⅴは横軸の値が 1～5 のときの釉薬を表す。

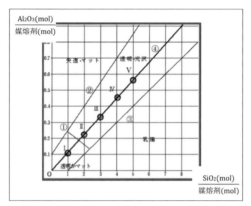

図2　ゼーゲル式を用いたグラフ

②ゼーゲル式を用いた実験方法

1 ）$SiO_2:Al_2O_3$ を 4.0 mol:0.45 mol で
混ぜた（以下基礎釉とする）。

2 ）ゼーゲル式の値を考慮して媒熔剤
を加えた。

3 ）CuO を加え、テストピースをつ
くった。

4 ）1250℃で還元焼成を行った。

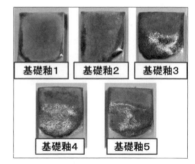

図3　基礎釉に CuO を添加

③ゼーゲル式を用いた実験結果・考察

1 ）基礎釉に CuO を 1%添加

基礎釉にゼーゲル式の値が 1～5 となるように Li_2O を添加し、CuO
を用いて発色を確認した（**図3**）。その結果、青色と赤色の発色が見ら
れた。テストピースを切断し、発色を確認すると表層が青色、下層が
赤色の 2 層になっていることがわかった。以上から青色は CuO が酸化
されたためと考えた。この青色を取り除ければ、赤色になると考えた。

2 ）還元焼成の時間を変えた実験

　実験 1）の青色の発色が CuO の酸化によるものかを確かめるため、還元焼成の時間を変えて実験を行った。実験の釉薬は高温（1150℃付近）で熔けるため、1100℃から低温になるまで還元を続けた。その結果、880℃まで還元焼成を行うと全体が赤色の発色となった。

3）課題設定

　釉薬が液体の時に還元を止めるため表面が外気と触れ、還元されていた Cu_2O が CuO に酸化されて青色の発色になることがわかった。しかし、砥部焼は 1250℃で還元を止めるため、880℃まで還元を行うことはできない。そこで本研究は釉薬表面に生じる青色酸化被膜除去の方法の開発とした。

実験・考察 1

　媒熔剤の働きで除去する方法の開発を目指した。これまでの実験でもっとも透明感があった基礎釉 3（ゼーゲル式の値が 3）を用いた。

1　基礎釉 3、CuO 1% に BaO を添加

　基礎釉 3 に媒熔剤の働きのある BaO を加えて実験を行った（**図 4**）。その結果、BaO の割合が大きくなると釉薬が流れやすくなり、BaO が 5、10％では赤色の発色が強くなった。BaO には媒熔剤の働きに加え赤色の発色を強める働きがあると考えられた。

2　基礎釉 3、CuO 1% に SnO_2 を添加

　基礎釉 3 に Cu_2O の酸化を防ぐため SnO_2 を加えて実験を行った（**図 5**）。その結果、SnO_2 の割合が大きくなると青色の発色が抑えられ、10％では全体が赤色の発色となった。SnO_2 が SnO に還元され、還元剤として働いたため Cu_2O の酸化を抑えたと考えた。

3　基礎釉3、CuO 1%、SnO₂ 5%に BaO を添加

　2 の SnO₂ 5%に BaO を加えて実験を行った（**図6**）。SnO₂ の効果がもっとも出たのは 10%だったが、BaO が媒熔剤として働き釉薬が流れやすくなることが予想されたため、5%のものを用いた。その結果、釉薬に流動性が生じたが、SnO₂ が還元剤として働き青色が見られず、BaO の割合が大きくなると深い赤色となった。

　以上の結果から媒熔剤の働きで青色酸化被膜を除去する方法を開発でき、基礎釉3、CuO 1%、SnO₂ 5%、BaO 1%の時目標としていた赤色が得られた。

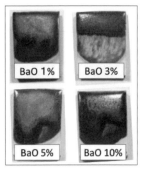

図4　基礎釉に BaO の割合を変えて添加

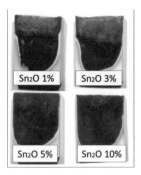

図5　基礎釉に SnO₂ の割合を変えて添加

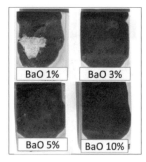

図6　基礎釉＋SnO₂ に BaO の割合を変えて添加

実験・考察2

　3 の実験の赤色釉薬より熔けやすい透明釉薬を上から塗れば、Cu_2O が酸化されず赤色が得られると考え実験を行った。釉薬には CuO、SnO₂、BaO を透明釉薬には SnO₂、BaO を用いた（**図7**）。透明釉薬はゼーゲル式の値を 1 とした。その結果、赤色釉薬と透明釉薬に SnO₂ を用いた時に赤色の発色が見られた。透明釉薬でコーティングをすることで、外気に触れずに還元が進み、赤色になったと考えた。青色酸化被膜を除去する方法として、透明釉薬でコーティングする方法を確立できた。

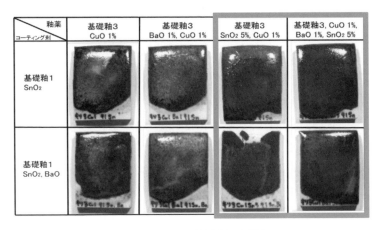

図7　コーティング剤を用いた発色

豆皿の作製

　開発した2つの方法で梅枝の灰を用いた豆皿を作製した。ゼーゲル式の値がほぼ3の梅枝の灰20%：長石80%を用いた。その結果、当初の目標であった暖かみのある赤色の豆皿を作製することができた（**図8**）。作製した豆皿は松山南高校砥部分校の文化祭で販売を行った。

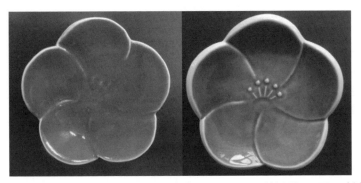

図8　媒熔剤の成分を変化させた豆皿（左）とコーティング剤を用いた豆皿（右）

まとめ

　青色の酸化被膜を防ぐ2つの方法を開発でき、赤色に発色する釉薬を作ることができた。1つ目は基礎釉3にCuO 1％、BaO 1％、SnO_2 5％で目標の赤色が得られた。2つ目はコーティングする方法で、赤色釉薬とコーティングする透明釉薬両方にSnO_2を含んでいるとき目標の赤色が得られた。これらの方法は、梅枝の灰にも利用することができ、ゼーゲル式の値がほぼ3の梅枝の灰20％：長石80％を用いて、赤色の豆皿を作製することができた。

　今後も私たちが作った釉薬で若い人たちに砥部焼の魅力を発信していきたいと思う。

〔謝　辞〕

　本研究を行うにあたり七折梅を提供していただきました、ななおれ梅組合長東洋二様、御指導・御協力をいただきました愛媛県窯業技術センター職員の皆様、愛媛県立松山南高等学校砥部分校烏谷ひかる先生に厚く感謝申し上げます。

〔参考文献〕

1)　首藤喬一、中村健治「愛媛県産業技術研究所研究報告、55、34」(2017)
2)　樋口わかな「焼き物実践ガイド：陶器作りますます上達」誠文堂新光社 (2007)
3)　野田耕一「釉薬手作り帖」誠文堂新光社 (2012)
4)　愛媛県立松山南高等学校SS化学イチョウ班「イチョウの灰を使った釉薬の研究」(2019)

●
努力賞論文

受賞のコメント

受賞者のコメント

赤色の釉薬ができた時の達成感

●愛媛県立松山南高等学校　砥部焼梅ちゃんズ

　私たちは、愛媛県の特産品である砥部焼の活性化を目指し、先輩方から引き継ぎ釉薬の研究を始めた。砥部焼の里の特産品である七折梅を用いて赤色の釉薬の開発を行った。その実験の中で青色の発色が見られたときは驚いたが、先生や仲間との話し合いを重ね、実験を行い、原因を突き止めることができた。予想もしない発色になることや思い描いていた発色に少しずつ近づくことはおもしろく、毎回の結果が楽しみであった。赤色の釉薬ができた時の達成感、松山南高校の砥部分校の文化祭で豆皿を販売できたことは嬉しかった。この研究を通して粘り強く取り組むことの大切さを学ぶことができ、今後も活かしていきたい。最後にこの研究に御指導、御協力いただいた皆様に感謝したい。

指導教諭のコメント

失敗続きでも生徒たちは諦めず継続

●愛媛県立松山南高等学校　教諭　石丸　靖夫

　砥部焼梅ちゃんズの研究目的は、当初、砥部町の名産七折梅から出る廃材を用いて、梅干しをイメージした赤色に発色する砥部焼釉薬を作ることだった。しかし、先行研究を用いた実験で、釉薬の色が赤色になるはずが予想もしない青色になってしまった。そのため、この青色の原因を追究し、除去することが新しい研究目的となり、繰り返し実験を行った。その結果、今回発表した2方法を見つけることができた。

　この成果は、梅ちゃんズの失敗続きでも諦めず継続する姿勢、お互いに議論しながら協力する姿勢によってもたらされたものである。この研究に取り組む姿勢は、今後の人生に必ず生かされると思う。

●
努力賞論文

未来の科学者へ

高校生らしい柔軟な発想が優れた論文

　梅の枝の灰と金属酸化物から調製した釉薬を使って、メカニズムまでしっかり考察された酸化皮膜形成を防ぐプロセスの確立によって、暖かみのある赤色の発色を見事に実現して大変素晴らしい。従来の砥部焼とは違うイメージでありつつも、独特の風合いという観点から伝統に則したものになっていると思う。

　無機合成では、加える物質の割合、反応温度、雰囲気などの条件の違いで元素の組成や不純物の含有量が変わり、それに伴って色もガラっと変わってしまうことがしばしば起こる。本論文のメンバーが一連の実験でまさに経験した現象である。これに対して、作業仮説を立てて検証するという、まさに科学的なプロセスに基づいて目的を達成した点は高く評価したい。

　課題設定と進め方も、高校生らしい大変柔軟な発想だと思う。イチョウの落ち葉や梅の剪定した枝など本来捨てられるものを有効に活用しており、環境にやさしいものである点も、今後を担う世代の行動規範としてリスペクトに値する。

　このように、伝統、科学、環境の多角的な視点から非常に興味深く、良く考えられた研究であると評される。受賞者の皆さんの今後のさらなる活躍を期待する。

（神奈川大学理学部　教授　辻 勇人）

第19回神奈川大学全国高校生理科・科学論文大賞 団体奨励賞受賞校

群馬県／群馬県立桐生高等学校
大阪府／大阪府清風高等学校
大阪府／大阪府立天王寺高等学校
兵庫県／兵庫県立姫路東高等学校

第19回神奈川大学全国高校生理科・科学論文大賞 応募論文一覧

北海道札幌南陵高等学校
「大蛇ヶ原湿原の生態学的調査・研究　～湿原とその周辺に生息する3種の
ヤゴと植生調査から見えてくるもの～」

岩手県立一関第一高等学校
「ドミノの運動　～伝播速度の分析～」

岩手県立一関第一高等学校
「自由落下運動におけるエネルギー変換について　～空気抵抗力のした仕事
の証明～」

岩手県立一関第一高等学校
「クモの糸の有用性を探る　～繊維としての素質～」

岩手県立一関第一高等学校
「茶殻消臭効果の最適条件を探る」

岩手県立一関第一高等学校
「乳酸はカビに勝てるか？」

岩手県立一関第一高等学校
「寒天で！水蒸気爆発のモデル化　～山体崩壊のモデル化を目指して～」

岩手県立一関第一高等学校
「整数の（-N）進法表記について」

岩手県立一関第一高等学校
「分数の小数展開の秘密」

岩手県立釜石高等学校
「生分解性プラスチックの新素材の検討」

岩手県立水沢高等学校
「pH がポリ乳酸の分解に与える影響」

岩手県立水沢高等学校
「カオスを用いた乱数列の作成と検証」

岩手県立水沢高等学校
「ジャガイモを使用した麹の有用性について」

岩手県立水沢高等学校
「ハスの発熱に関する研究　〜ハスの恋する4日間〜」

岩手県立水沢高等学校
「月の満ち欠けと表面下温度の関係　Part 4」

岩手県立水沢高等学校
「縦揺れに対する耐震構造に関する研究」

岩手県立水沢高等学校
「南部風鈴に関する研究」

岩手県立水沢高等学校
「卵殻膜を用いた銅（Ⅱ）イオンの吸着　第2報」

岩手県立水沢高等学校
「緑茶とビタミンCによるメイラード反応の抑制」

宮城県小牛田農林高等学校
「ハエトリグサの捕獲物の性質の検証」

宮城県仙台第三高等学校
「炭の吸着力」

宮城県仙台第三高等学校
「実用的な新型木炭電池の開発に向けて」

宮城県仙台第三高等学校
「水と油の境界面の動きと加速度の関係」

宮城県古川黎明高等学校
「自律型ロボット制御における光電センサーの研究」

宮城県古川黎明高等学校
「回折格子を用いた流星の分光観測」

山形県立東桜学館高等学校
「サイクロトロン加速器施設での陽子エネルギー測定　〜宇宙開発における
　半導体の放射線評価に向けて〜」

山形県立村山産業高等学校
「サトイモを逆さに植えたら、収量がアップ？」

福島県立福島西高等学校
「地球温暖化対策の家の開発　〜1年中　快適温度の家を目指して〜」

茨城県・江戸川学園取手高等学校

「宇宙線による人体への被爆の影響の推定」

茨城県・江戸川学園取手高等学校

「比率と日本人の選択　〜黄金比と白銀比、日本人はどちらを選ぶ？〜」

茨城県立太田西山高等学校

「常陸太田市ブランドぶどう品種「常陸青龍」の基礎的研究」

茨城県立土浦第三高等学校

「薄い紙で人を支えられる椅子はつくれるか」

茨城県立鉾田第二高等学校

「鉾田市長茂川における淡水シジミの分布について〜プランクトンは濃色・
　淡色と相関があるのか〜」

茨城県立水戸第二高等学校

「3秒ルール　〜菌の付着度について〜」

茨城県立水戸第二高等学校

「あるスライドパズルの円順列解析　〜解けないパズルの証明〜」

茨城県立水戸第二高等学校

「オイル産生藻類　〜茨城県の分布と酸・アルカリ培地においての培養研究
　について〜」

茨城県・茗溪学園高等学校

「持続可能な地球的課題解決をめざしたキャッサバの研究」

栃木県・作新学院高等学校
「牛乳の凝固過程におけるプロテアーゼの働きの解明」

群馬県立桐生高等学校
「おんさの角度による糸の共振の様子」

群馬県立桐生高等学校
「ガラスを透過させた光による物体の温度上昇」

群馬県立桐生高等学校
「ストローで液体を吸うときのズズズ音はなぜ発生するのか」

群馬県立桐生高等学校
「どのような落とし方をすればトイレットペーパーの芯は立つのか」

群馬県立桐生高等学校
「ペットボトルキャップはどう飛ぶのか」

群馬県立桐生高等学校
「絹織物による光の透過性の研究」

群馬県立桐生高等学校
「定規を弾いたらどんな音が鳴るのか」

群馬県立中央中等教育学校
「スズムシ飼育における音刺激の効果」

群馬県立藤岡中央高等学校
「開口端補正の謎に迫る　〜事実？それとも考え方？〜」

群馬県立前橋女子高等学校
「リンゴ果実由来のエチレンを用いたバレイショの芽の伸長抑制について」

埼玉県・浦和実業学園高等学校
「透明骨格標本を用いたカエル2種の大腿骨形成過程の比較」

埼玉県・浦和実業学園高等学校
「「光」を用いた陸上養殖発展技術の可能性について」

埼玉県立松山高等学校
「多目的に利用可能な微生物殺菌剤」

埼玉県・山村国際高等学校
「女子必見！肥満マウスでも乳酸菌チョコレートでダイエット！　〜肥満マ
　ウスでも痩せる乳酸菌チョコレート発見！〜」

千葉県・クラーク記念国際高等学校 千葉キャンパス
「道端に咲く花と葉のpHの研究　〜2色のオシロイバナとツユクサ〜」

千葉県・渋谷教育学園幕張高等学校
「廃棄パソコンを再利用したスーパーコンピュータの製作と実用化」

千葉県立津田沼高等学校
「ゴキブリは光から逃げない〜負の走光性の真実〜」

東京都・郁文館グローバル高等学校
「人工心臓生体弁の稼働期間の延長」

東京都立科学技術高等学校

「P2－2 型の素数（平方素数）の性質についての探究Ⅰ　～グラフを用いた素数の性質探求に関する試み～」

東京都立国分寺高等学校

「カラスバトはどのような環境を好むのか」

東京都立国分寺高等学校

「伊豆大島における混交林と極相林の昆虫相の違い」

東京都立国分寺高等学校

「火山地帯に生息するアリの生態」

東京都・駒場東邦高等学校

「寒天に触媒を閉じ込めた B－R 振動反応」

東京都・順天高等学校

「完璧なマスクを求めて　～もう役立たずなんて言わせない～」

東京都・順天高等学校

「漢方薬には整腸剤としての効能があるのか　～下痢で苦しむ子どもたちを助けるためには～」

東京都・順天高等学校

「ガラクトースを選択的に分解する乳酸菌の探索」

東京都・順天高等学校

「AI の感情に"個性"を　～ AI の感情規定に個体差を発生させる試み～」

東京都・順天高等学校
「ニンニクの抗菌性　〜ニンニクスプレーで消費期限を延長する〜」

東京都・順天高等学校
「家庭におけるシイタケ栽培方法の開発」

東京都・順天高等学校
「有機溶媒を分解する菌の探索」

東京都・順天高等学校
「エルデシュシュトラウス予想の $n = 24d + 1$ における 2 つの解を生み出す無限個の数列」

東京都・順天高等学校
「ストレスによる音声の変化の考察」

東京都・順天高等学校
「マヌカハニー中のメチルグリオキサールの生成に微生物が関与することの検証」

東京都・昭和第一学園高等学校
「最もよく飛ぶ紙飛行機の製作」

東京都・玉川学園高等部
「株価予想における機械学習の手法の比較」

東京都・玉川学園高等部
「ドローンを活用した救助システムの開発」

東京都・玉川学園高等部
「温暖化を抑制する微粒子の研究　〜微粒子を透過した太陽光スペクトルの変化〜」

東京都・玉川学園高等部
「土砂崩れ対策に向けた研究　〜土の種類と環境による崩れやすさの検証〜」

東京都・玉川学園高等部
「ヨウ素滴定によるビタミンC定量の問題点」

東京都・玉川学園高等部
「野菜切断面の変色理由を探る　〜切断面から出る白い液体は関係があるのか〜」

東京都・玉川学園高等部
「健康的な甘酒作りの条件」

東京都・東京大学教育学部附属中等教育学校
「植物種子の他種認識と発芽競争」

東京都立中野工業高等学校
「水と油のワルツ　〜界面活性剤中の油滴の自発的運動の工業的利用を考える〜」

東京都・広尾学園高等学校
「遺伝的アルゴリズムによる疑似乱数の生成」

東京都・広尾学園高等学校
「自発行動を可能にする強化学習モデルの開発と、それを応用した行動抽象化による不可能であった学習を可能にするモデルの提唱」

東京都立武蔵高等学校
「葉序を収納に応用する」

東京都立武蔵高等学校
「目を細めることによるピント調節の仕組みとは　～カメラや眼鏡の新モデルへのヒント～」

東京都立武蔵高等学校
「リモネンを日常生活で活用するためにはどうすればよいのか」

東京都立武蔵高等学校
「大気汚染による空の色の変化　～指標を作り人々の安全と地球環境の改善を目指す～」

東京都立武蔵高等学校
「温度によるコーヒーの苦みの違い」

東京都立武蔵高等学校
「植物による環境浄化の実用に向けて」

東京都立武蔵高等学校
「アルビノの人がより良く過ごすために」

神奈川県立麻生高等学校
「乳酸菌と土壌細菌の共培養と解析」

神奈川県・神奈川大学附属高等学校
「DNA とコメの特徴の関係と、そこから見えるコメ製品提供者の戦略」

神奈川県・神奈川大学附属高等学校
「PCR でなにができる？　～遺伝子組換え作物の未来～」

川崎市立川崎高等学校
「バドミントンシャトル大解剖　～バドミントンシャトルの不思議な運動～」

神奈川県・桐蔭学園高等学校
「二次曲線の探求」

神奈川県・桐蔭学園高等学校
「ヒョウモントカゲモドキの聴覚器官を通した音の記憶」

神奈川県・桐蔭学園高等学校
「数学と音楽のコラボレーション　～ヒット曲を分析して新曲を作曲する～」

神奈川県立平塚中等教育学校
「倍数判定法について」

神奈川県・森村学園高等部
「縄文人の救荒食材「トチノミ」の毒抜き方法に関する研究」

神奈川県・森村学園高等部
「イクラ状菓子（ポッピングボバ）の直径と膜厚の測定」

神奈川県・森村学園高等部
「ダイラタンシー現象における固体、液体の混合比の調査と、ダイラタンシー現象の発生条件の考察」

横浜市立横浜サイエンスフロンティア高等学校
「三角形の茎を持つサンカクイの強風を受け流す戦略」

横浜市立横浜サイエンスフロンティア高等学校
「隙間なく葉を積み重ねるクラッスラ・ピラミダリスは気孔の位置を調節して効率よく呼吸する」

横浜市立横浜サイエンスフロンティア高等学校
「海藻の透明な細胞は、強すぎる光を分散させて光合成の効率を高める工夫」

横浜市立横浜サイエンスフロンティア高等学校
「植物の根における「フィルター作用」について」

横浜市立横浜サイエンスフロンティア高等学校
「継代によるアンピシリンに対する感受性の変動」

横浜市立横浜サイエンスフロンティア高等学校
「酵母菌は好気呼吸と嫌気呼吸をどのように使い分けているのか　～パンとシャーレ上での比較～」

新潟県立新発田高等学校
「未知微生物を探せ　～水生植物からの新種の単離培養～」

新潟県立新発田高等学校
「累乗の差」

新潟県立高田高等学校
「8パズルについての考察」

新潟県立新潟南高等学校
「続・新種発見⁉　～佐渡のトキワイカリソウは新種なのか～」

富山県立高岡南高等学校
「カルピスウォーターから探る過冷却ブレイク発生の秘密」

石川県・金沢大学附属高等学校
「PCR検査のプール方式　何人毎に検査すると検査回数を最小に出来るか」

長野県・東海大学付属諏訪高等学校
「テンセグリティの構造システムの特性」

長野県松本県ケ丘高等学校
「高校生を対象とした運動実践がストレス軽減に及ぼす影響の検討」

長野県屋代高等学校
「水切りにおける最適な入射角と石の姿勢について」

岐阜県立恵那高等学校
「イチローの球の軌道を再現するには」

岐阜県立加茂高等学校
「月の反射スペクトルと月面の岩石」

岐阜県立岐山高等学校
「トビ棘口吸虫の生態と形態についての研究」

岐阜県・帝京大学可児高等学校
「イシクラゲが種子の発芽と成長に及ぼす影響　～特にエンバクについて～」

岐阜県立羽島高等学校
「風紋形成の条件と祖父江砂丘の保全について」

静岡県立磐田南高等学校
「色素増感太陽電池　〜照射光の色と発電量の関係から最適な色素を探る〜」

静岡県・星陵高等学校
「小規模バイオメタン施設の開発と消化液による栽培試験」

静岡県立三島北高等学校
「三島の清流とヒートアイランド現象　〜清流の可能性を探る〜」

愛知県立一宮高等学校
「虫の後方歩行行動の可否を決める環境・形態的条件について」

愛知県立春日井工業高等学校
「AIとじゃんけん　〜機械学習の「学習」におけるパラメータの可視化による考察〜」

愛知県立春日井工業高等学校
「地磁気の日変化の観測　〜観測装置の信頼性と妥当性の評価〜」

名古屋市立向陽高等学校
「フィボナッチ素数の無限性に関する研究」

名古屋市立向陽高等学校
「掛谷問題等」

名古屋市立向陽高等学校
「ソーラーパネルの最適設置角度」

名古屋市立向陽高等学校
「金属樹の構造に関する研究」

名古屋市立向陽高等学校
「ポリ乳酸の低エネルギーリサイクル」

愛知県・南山高等学校女子部
「アクアリウムセラピーにおける有効性について　～水槽内における1/fゆらぎの効果～」

滋賀県立彦根東高等学校
「"自然数の累乗和"の累乗公式　～図形の入れ子構造を利用した公式生成アルゴリズム～」

滋賀県立彦根東高等学校
「因数の項数が等差数列で与えられる多項式の展開式の項数」

京都府・京都文教高等学校
「京都府におけるイボイボナメクジの初記録」

京都府立嵯峨野高等学校
「布の吸水性の変化および回復方法に関する検討」

京都府立嵯峨野高等学校
「気泡による音波の伝播特性変化」

京都府立洛北高等学校
「タニシ類の殻高と殻幅の比と生態の関係」

京都府立洛北高等学校
「酸化還元反応を用いた無機顔料の色の変化～プルシアンブルーをベルリングリーンに変える～」

京都府立洛北高等学校
「エステルの構造とにおいの関係　〜構造からにおいを設計することは可能
　か〜」

大阪府・大阪桐蔭高等学校
「粉塵爆発の発生要因とメカニズムの研究」

大阪府・清風高等学校
「シマミミズ Eisenia fetida を用いたヘドロ堆肥の可能性」

大阪府・清風高等学校
「ドブガイ Anodonta woodiana の生息に適した環境について」

大阪府・清明学院高等学校
「横になっても光に向かって前向きに　〜横向き植物工場の自動化推進〜」

大阪府・高槻高等学校
「カタツムリの食害を防ぐ」

大阪府立天王寺高等学校
「ストームグラスと天気との関係」

大阪府立天王寺高等学校
「ボールの内圧と反発係数の関係」

兵庫県立小野高等学校
「コミヤマスミレの謎を追う」

兵庫県立柏原高等学校
「リンゴのビタミン C を酸化する物質を探る」

兵庫県立宝塚北高等学校

「Al と Zn のイオン化傾向と溶解度の関係」

兵庫県立宝塚北高等学校

「防災意識の向上のための災害体験 VR の制作」

兵庫県立宝塚北高等学校

「初期状態に注目したナンプレの難易度判定」

兵庫県立宝塚北高等学校

「ブロッケン現象再現実験の改良」

兵庫県立宝塚北高等学校

「四つ葉のクローバーの発生要因解明のためのクローバーの葉からのカルス
　誘導法の開発」

兵庫県・滝川第二高等学校

「マスカットに似た球体のフルーツにプラズマを発生するものはあるのか」

兵庫県・滝川第二高等学校

「大きなルビーを結晶化する条件」

兵庫県・仁川学院高等学校

「自作金コロイドの性質と利用　〜その反応性と安定性〜」

兵庫県・仁川学院高等学校

「pH 指示薬が変えるのは色だけではない 〜酸塩基指示薬の膜透過〜」

兵庫県・仁川学院高等学校

「気体の粘性と円板の落下運動」

兵庫県・仁川学院高等学校
「線香花火の分析」

西宮市立西宮高等学校
「条件の違いによる稲の変化の研究」

西宮市立西宮高等学校
「陣取りゲーム必勝法の研究」

西宮市立西宮高等学校
「位取記数法について」

西宮市立西宮高等学校
「自動車における、ウィンクの角度によるタウンフォースの変化」

西宮市立西宮高等学校
「スライムの仕組みとその性質」

西宮市立西宮高等学校
「消臭剤は本当に消臭てきるのか？」

西宮市立西宮高等学校
「ガウス加速器の速度限界について」

西宮市立西宮高等学校
「加速度がプラナリアの再生と成長に及ほす影響」

西宮市立西宮高等学校
「光阻害の仕組みを探る」

西宮市立西宮高等学校
「食品の持つ抗菌活性の可能性　～Potential antibacterial activity of food～」

西宮市立西宮高等学校
「翼型に着目した水中翼船の研究」

西宮市立西宮高等学校
「日本語の波形解析と合成音声プログラム開発」

兵庫県立西脇高等学校
「アナレンマの法則の確認と西脇高等学校科学教育類型惑星班の活動紹介」

兵庫県立西脇高等学校
「ダンゴムシの校内での分布とオカダンゴムシの交替性転向反応」

兵庫県立西脇高等学校
「牽引糸にかかるクモの脚の機能」

兵庫県立西脇高等学校
「壁面の材質変化によるクロゴキブリの歩行方法の違い」

兵庫県立西脇高等学校
「東条湖の神戸層群の比較　～岩石の特徴から見る凝灰岩層の違い～」

兵庫県立西脇高等学校
「災害時に生活の水は使えるのか　～生活に欠かせない水～」

兵庫県立西脇高等学校
「空気抵抗の違いによるマグヌス効果の影響」

兵庫県立西脇高等学校
「円網を張るクモの巣の縦糸と横糸の接合点に付着する粘球の役割」

兵庫県立西脇高等学校
「ローマンコンクリートについて」

兵庫県立西脇高等学校
「ミミズの嗅覚と集団行動の関係」

兵庫県・白陵高等学校
「銅鏡反応の過程と傾向に対する提言」

姫路市立姫路高等学校
「クマムシ類の飼育方法の確立を目指す研究　～ PART 1　クマムシ類は何
　処にすむのか～」

兵庫県立姫路東高等学校
「自作の高い分解能をもつ簡易分光器による電子レンジプラズマの分光」

兵庫県立姫路東高等学校
「石英や長石の砂粒の凹凸や体積比から源岩からの距離を推定する指標の提
　案」

兵庫県立姫路東高等学校
「反応染料で染色した綿糸の紫外線照射による退色　～紫外線の影響の程度
　を示す指標としての提案～」

鳥取県立鳥取東高等学校
「鳥取県におけるクロガケジグモのさらなる分布拡大と生活史の研究」

鳥取県立鳥取東高等学校

「DNA（RNA）塩基の高分子化による新素材の開発」

島根県立浜田高等学校

「超分子太陽電池色素の合成　〜起電力が 1.2V 以上の色素増感型太陽電池の作成〜」

岡山県立井原高等学校　北校地

「井原高等学校に発生する変形菌の研究　〜生木樹皮性変形菌の発生の遷移を中心に〜」

岡山県立井原高等学校　北校地

「匂いによる生物防除の可能性」

広島県立西条農業高等学校

「化学分析を通したジビエの商品開発に関する研究」

徳島県立城北高等学校

「AIの学習と認識の性能　〜スダチとカボスを見分ける〜」

徳島県立城北高等学校

「恐竜が生きていた時代の徳島県の地層について」

徳島県立城北高等学校

「城北高校「石の山」について」

徳島県立城北高等学校

「COD（化学的酸素要求量）による徳島県の河川の水質比較及び汚染区域の改善方法の追求」

徳島県立城北高等学校
「さつまいもはどこに1番糖があるのか」

徳島県立城北高等学校
「渦が大きくなる理由」

徳島県立城北高等学校
「徳島を代表する「祖谷のかずら橋」の構造や耐久力について」

徳島県立城北高等学校
「消しゴムの消しやすさを定義する」

徳島県立城北高等学校
「コウノトリはなぜ鳴門で全国初の野外繁殖に至ったのか？　～巣周辺のレンコン畑における生物個体数調査～」

徳島県立城北高等学校
「土壌と微生物」

徳島県立城北高等学校
「カンサイタンポポとセイヨウタンポポ及び雑種の分類について　～徳島県のカンサイタンポポはなぜ強いのか3～」

愛媛県立西条高等学校
「マグネシウム空気電池の非常用電源への活用　～高電圧化・長寿命化を求めて～」

愛媛県・済美平成中等教育学校
「汽水域のカニの生態学とバイオミメティクスⅡ　～甲殻類型ロボット作成を目指して～」

愛媛県・松山聖陵高等学校
「日本三大あらし「肱川あらし」の出現予測」

愛媛県立松山東高等学校
「ゾウリムシ（Paramecium caudatum）の食胞形成に関する研究　〜ゾウ
　リムシ食胞研究の新しい手法の開発と成果〜」

愛媛県立松山南高等学校
「素数の累乗と約数の総和の関係について　〜倍積完全数に迫る〜」

愛媛県立松山南高等学校
「糖類がもつヒドロキシ基が浸透現象や凝固点降下にもたらす影響」

愛媛県立松山南高等学校
「グリーンヒドラの行動と光の関係」

愛媛県立松山南高等学校
「100円グッズを活用した簡易的な人工林の健康診断　〜生物多様性の保全
　と減災の両立を目指して〜」

愛媛県立松山南高等学校
「固体物を水面に落とした時の水のはね上がりに関する研究」

愛媛県立松山南高等学校
「釉薬表面に生じる青色酸化被膜除去の方法の開発」

愛媛県立松山南高等学校
「アサギマダラの効率的な飛翔メカニズムの探究」

長崎県立諫早農業高等学校
「放置竹林の新たな可能性をめざして　～子実体の栽培方法への応用～」

熊本県立南稜高等学校
「南稜高校産トマトの6次産業に向けた取り組み　～甘いミニトマトを見分けるには～」

大分県立大分雄城台高等学校
「レーザー光を用いた水中微粒子の分析」

沖縄県立球陽高等学校
「タイドプールの微地形が生物相に及ぼす影響」

沖縄県立球陽高等学校
「液体金属ガリウムの性質」

沖縄県立球陽高等学校
「沖縄本島におけるツルヒヨドリの分布調査」

神奈川大学
全国高校生理科・科学論文大賞の概要

＜応募条件＞
●高等学校に所属する個人またはグループ。
　（高等専門学校については、3年次生までとします。）
※応募論文は返却いたしません。
　すでに書籍やWEB等で公表されている論文については、審査対象外とします。

＜応募方法＞
1．以下の書類A～Cを<u>全てPDF</u>でご用意ください
● A. 論文
・理科・科学に関する研究や実験、観察、調査の成果。
　例）数学、物理、化学、地学、生物、情報、などの各分野
・論文の分量は、16,000字（A4・10枚）程度。本文全体は11ポイントで作成してください。
・なお、論文は次の①～⑥の項目を分けて記述してください。
　①研究の背景（動機）
　②研究の目的
　③実験方法
　④結果と考察
　⑤結論
　⑥参考文献
● B. 論文要旨（400字程度）
● C. 捺印のある指導教諭の推薦状
※各様式はHPからダウンロードできます。
※データのファイル名は「A～C論文タイトル_高校名」としてください。

2．応募フォームより必要事項を記入し送信してください。
　応募フォームURL：
　https://e-karte.site/ku-rikaron/ku2021

※入力の内容で受付いたしますので、誤字脱字、入力間違いにご注意ください。

3．受付確認メールのURLに必要書類をアップロードしてください
　2での入力完了後、登録したメールアドレス宛に受付確認メールをお送りします。メール内のURLより、必要書類（PDF）をzip化したファイルでアップロードしてください。
※ku-rikaron@sclpa.jpを受信できるように設定をお願い致します。
※必要書類のアップロードは受付メール到着後、3日以内に行ってください。
※収集した個人情報は本大賞の円滑な運営のために使用し、責任をもって管理します。

＜応募締切＞
2021 年 8 月 25 日（水）

＜応募上の注意＞
①論文を主な対象としますが、論文以外の提出物がある場合には動画などデジタル化
して提出してください。
②応募書類に不備や安全・倫理上の問題が疑われる場合は審査対象外となります。ま
た、第三者の著作や研究を参考とした場合、必ずその旨を明記してください。著作
権違反や虚偽記載がある場合は、審査終了後でも賞を取り消すことがありますので
ご注意ください。

＜審査委員＞
委員長：日野　晶也（神奈川大学名誉教授）
委　員：井川　　学（神奈川大学名誉教授）
　　　　紀　一誠（神奈川大学名誉教授）
　　　　菅原　　正（元神奈川大学教授・東京大学名誉教授）
　　　　西村いくこ（甲南大学特別客員教授・京都大学名誉教授）

＜賞（奨学金・記念品）＞
大　賞（応募論文の中で最も優れた論文 1 編）　　　　　　10 万円、記念品
優秀賞（大賞に準じて優秀な論文 3 編程度）　　　　　　　5 万円、記念品
努力賞（優秀賞に準じて優秀な論文 5 〜 15 編程度）　　　　3 万円、記念品
指導教諭賞（大賞、優秀賞、努力賞の各入賞者を指導された教諭）2 万円
団体奨励賞（複数の優秀な論文応募があった高校 5 校）　　記念品
※本大賞の入賞者は、神奈川大学「公募制自己推薦（理学部）入学試験」の出願資格
を満たすことができます。
［入学試験に関するお問い合わせ］
神奈川大学入試センター　　TEL：045-481-5857（直通）

＜結果発表＞
2021 年 12 月中旬、応募者に通知します。
　また本学 HP 上で結果について発表するとともに、受賞者の喜びの声や論文要旨を
掲載します。

＜募集要項の請求先＞
「神奈川大学全国高校生理科・科学論文大賞」事務局
〒194-0022　東京都町田市森野 1-34-10　高校生新聞社
TEL 042-724-2750　FAX 042-724-2860

＜お問い合わせ先＞
神奈川大学　広報事業課　　TEL 045-481-5661（代）

おわりに

第19回神奈川大学全国高校生理科・科学論文大賞専門委員会委員長
引地　史郎

　コロナ禍の中で催された今年度の第19回神奈川大学全国高校生理科・科学論文大賞（以下、理科論文大賞と略）には、全国98校から222編もの論文の応募がありました。これは、これまでで最も応募論文数が多かった第17回（応募論文数153編、応募高校数79校）を大きく上回ります。昨年3月に出された全国の小・中・高等学校に対する一斉休校要請や、4月の緊急事態宣言の発出により、大学も含む全国の教育機関の活動が多くの制約を受けるという状況の中、論文募集を開始した5月の時点ではいったいどれほどの応募があるのか、見当がつきませんでした。ところが蓋を開けてみると、我々の予想に反して最多応募数の記録更新となり、"うれしい悲鳴"を上げることになりました。これは高校生諸君の科学探求に対する情熱と、それを支えた指導教員の皆様の御尽力がコロナ禍の制約を乗り越えた証です。

　今回の大賞には群馬県立藤岡中央高等学校 F.C.Lab による「開口端補正の謎に迫る　〜事実？それとも考え方？〜（原題）」が選ばれました。この論文は、高等学校で学ぶ物理基礎の教科書に記載されている事項に対して抱いた、率直な疑問を発端とする研究である点が特筆に値します。このような研究姿勢は、"高等学校での学習・研究に新たな目標を与え、広く理科教育を支援する"という理科論文大賞の理念に合致するものであり、私たち主催者にとってこれほどうれしいことはありません。また、優秀賞には浦和実業学園高等学校の大瀧さんによる「「光」を用いた陸上養殖発展技術の可能性について（原題）」、兵庫県立姫路東高等学校科学部プラズマ班による「自作の高い分解能をもつ簡易分光器による電子レンジプラズマの分光（原題）」、兵庫県立小野高等学校スミレ班による「コミヤマスミレの謎を追う（原題）」の3篇の論文が選ばれました。これら優秀賞に選ばれた論文は、大賞に引けを取らない、いずれも甲乙つけがたい高いレベルのものです。このほかに努力賞14編が選ばれました。努力賞の研究の中にも非常

にレベルの高い研究が多くありましたし、惜しくも選外となってしまった論文も力作ぞろいでした。今年度の応募論文では、例年のものと比較して誤字・脱字・抜け等の不備が少なかったように思います。これはおそらく、研究活動が制限されていた反面、論文執筆や文章推敲に十分な時間が割けたためでしょう。「もっと実験したかった」というのが高校生の皆さんの本音かもしれませんが、"きちんと書く"ことは論文作成の基本ですし、それによって自分たちの研究成果や意見が他者に正しく伝わることになりますので、今後もぜひ心がけていってください。

　本来ならば、神奈川大学横浜キャンパスで授賞式を開催し、その場にて大賞・優秀賞の論文については研究発表を行っていただく予定でしたが、残念ながらコロナ禍により中止せざるを得ませんでした。しかし、受賞者諸君の喜びや今後の抱負などの"生の声"を伝えたいとのことで、本学 HP 上に大賞・優秀賞受賞者のコメント動画を審査委員長の上村大輔先生からのメッセージと共に掲載いたしました（https://www.kanagawa-u.ac.jp/essay/#award）。この動画掲載は、開催できなかった授賞式の代替措置ではありますが、昨今の ICT 技術の発展からすれば、コロナ禍とは無関係に必然的なものでしょう。このように情報発信や伝達のための手段や媒体は、時代に合わせて変化していきます。そして ICT 技術の発展と、それを見事に使いこなしている高校生の皆さんの頼もしい姿は、応募論文の随所に反映されていました。PC を活用した論文作成技術は年々進歩していますし、研究の過程で得た膨大なデータについて、特殊な機材やソフトウエアに頼ることなく、汎用的な表計算ソフトや無料で使用できるソフトウエアなどを活用して高度な解析がなされている例がいくつもありました。しかしいかに技術が発展しようとも、研究の動機や原動力となる「科学的探求心」と、その探求心に突き動かされて行った研究の成果を「言語を介して伝えること（＝コミュニケーション力）」の重要性、必要性は不変です。そして私自身、コロナ禍でさまざまな制約を受けながら苦心してまとめられたことがうかがえる多くの論文を審査する中で、「科学的探求心」と「コミュニケーション力」の大切さに改めて気づかされました。

　最後になりますが、各賞の選考にあたっていただきました審査委員長の上村大輔先生、審査委員の紀一誠、齊藤光實、庄司正弘、菅原正、内藤周弌、西村いくこの各先生には厚く御礼申し上げます。また、予備審査には、本学の理学部・工学部に所属する多数の教員があたったことを付け加えさせていただきます。

未来の科学者との対話 19

―第19回　神奈川大学 全国高校生理科・科学論文大賞受賞作品集―　NDC 375

2021 年 5 月 25 日　初版 1 刷発行　　　　　定価はカバーに表
示してあります

Ⓒ　編　者　学校法人 神奈川大学広報委員会
　　　　　　全国高校生理科・科学論文大賞専門委員会
　　発行者　井水 治博
　　発行所　日刊工業新聞社
　　　　　　〒 103-8548　東京都中央区日本橋小網町 14-1
　　電　話　書籍編集部　03(5644)7490
　　　　　　販売・管理部　03(5644)7410
　　FAX　03(5644)7400
　　振替口座　00190-2-186076
　　URL　https://pub.nikkan.co.jp/
　　e-mail　info@media.nikkan.co.jp
　　印刷・製本　新日本印刷

落丁・乱丁本はお取り替えいたします。
2021 Printed in Japan
ISBN 978-4-526-08136-1